Touzou Mingxing
Huazhuangshu

偷走明星
化妆术

［韩］崔琇景
葬琇 ◎ 著

吉林科学技术出版社

图书在版编目（ＣＩＰ）数据

偷走明星化妆术 /（韩）崔琇景，蒣琇著；慎丽兰译.
— 长春：吉林科学技术出版社，2014.4
ISBN 978-7-5384-7481-7

Ⅰ．①偷… Ⅱ．①崔… ②慎… Ⅲ．①女性—化妆—
基本知识 Ⅳ．① TS974.1

中国版本图书馆 CIP 数据核字 (2014) 第 041227 号

偷走明星化妆术
Touzou Mingxing Huazhuangshu

图 07-2013-4228

著	[韩]崔琇景，蒣 琇
译	慎丽兰
出 版 人	李 梁
责任编辑	冯 越 端金香
封面设计	长春市一行平面设计有限公司
制 版	长春市一行平面设计有限公司
开 本	780mm×1460mm 1/24
字 数	260千字
印 张	9.5
印 数	1—8000册
版 次	2014年8月第1版
印 次	2014年8月第1次印刷

出 版	吉林科学技术出版社有限责任公司
发 行	吉林科学技术出版社有限责任公司
地 址	长春市人民大街4646号
邮 编	130021
发行部电话/传真	0431-85635177 85651759 85651628
	85677817 85600611 85670016
储运部电话	0431-86059116
编辑部电话	0431-85659498
网 址	www.jlstp.net
印 刷	长春新华印刷集团有限公司

书 号	ISBN 978-7-5384-7481-7
定 价	35.00元

序言

化妆是一种每天早上
寻找全新自我的开始

在各种秀场和网络上都能看到那些闪闪发光的名人身影。看到这些艺人如女神般的美貌，就连女生也会被深深吸引。作为明星的化妆师，很多人都问我这样的问题："怎么样可以画出像明星的妆容呢？"

在这个行业做了这么长时间，我也有了我自己的技巧。不过告诉大家技巧之前，想先和大家说："要不断地寻找适合自己的化妆方法！"首先你要了解自己的脸型，知道我们的优缺点都有哪些，这样才能利用化妆术把优势强调出来，并且掩盖住缺点，如此便能打造出最适合自己的妆容。无论是金南珠的优雅妆，还是韩佳人的烟熏妆，我都是通过这样的方法，根据他们每个人的特点打造最适合她们的妆容。

偶尔会遇到一些固执的人很难听进去造型师的建议，不愿意接受改变，这个时候最令我为难。明明可以变得更漂亮，可是由于过于自我，拒绝接受新的事物而无法呈现出令人惊艳的妆容。

作为一名明星御用化妆师，我可以告诉大家，艺人的妆容技巧和一般人的化妆方法是截然不同的。当我们大笑而流眼泪时，刮风头发都被吹到脸上时，紧张出汗时，皮肤出现了瑕疵时，我们身边并没有能帮助我们补妆的化妆师。与此同时，我们不会穿舞台装，也不会在聚光灯下面对摄影镜头，所以明星的妆容自然不同于一般的生活妆。所以撰写这本书的主要目的就是希望能够教你一些化妆的小技巧，画出如同艺人般完美的妆容。

尽可能地享受化妆，不要把书上所教的内容照单全收，看完之后消化一遍，选择适合自己的方法加强练习，不适合自己的就可以省略跳过。利用化妆技巧强化我们的优点，掩饰我们的缺点，这才是画出完美妆容的真正精髓！

不要每天都画同样的妆，因为妆容可以根据衣着、发型、心情、天气而呈现出不同的感觉。在化妆中添加点感觉，观察每天改变的自己。希望这本书可以让大家找到化妆的乐趣，发现最适合自己的化妆方法，和明星一样每天光彩照人！

化妆师，Soo Kung（崔琇景）

Part 1
在化妆师手中绽放
名人妆容SHOW

Part 2
皮肤好，妆容才能更耀眼
基础护理打造陶瓷皮肤

Part 3
少女天团御用彩妆师
魔法化妆秘诀 A to Z

Part 4

她们是怎么化妆的呢？
画出耀眼迷人的超完美明星妆

Part 5

解决困扰你的化妆问题
化妆技巧Q&A

用魔法般的双手，
塑造女人最有魅力的时刻，
这就是化妆的力量。

化妆师 崔琇景

　　有着15年经验的化妆界流行导
师，电视剧"贤内助女王"中金南
珠的妆容就是她的作品。她坚信化
妆的基础是皮肤而不是技术。因此，近几年化妆界流行"光"化妆：利用化妆手
法让肌肤呈现透亮的美感。

　　金南珠、金允珍、吴妍秀、李美淑、金雅中、丽媛、吴智恩、金玉彬、李英
雅等许多知名艺人的妆容都是通过她的手打造的。在韩国热播的电视剧《徐仁英
的明星美丽show》中担任化妆导师，传达她独特的化妆感观。

彩妆师 惠珍

她对化妆充满信念，始终拥有着好奇心和挑战意识，一直追求着新的风格。有时美丽，有时可爱，有时性感，用最大的能力发挥女性所拥有的长处，她是Davichi，陈彩英，张赫等明星的御用化妆师。

化妆师 姜美

平时拥有特别直率的性格，不过一旦拿到化妆道具，眼神就开始改变。因为拥有细腻的手法而出名，经常为金秀贤、CNBlue、张根硕、李钟硕等男艺人化妆，可以跟他们毫无阻碍地沟通。

化妆师 尚民

速度与实力同时拥有的化妆师，对美的热情比任何女性都细心、敏锐。他认为比起化妆技术，更重要的还是肌肤护理。比起日常妆容，他更擅长具有创意和个性的舞台妆。

化妆师 晶美

她是专门负责韩国的少女天团成员妆容的化妆师。在帮团员化妆时，最重要的就是找出每位团员的优点，尽可能呈现出低调的魅力妆容。她认为就像医生治疗病痛一样，化妆也可以让人心情变好，同时也可以影响到周围的气氛。

Part 1

在化妆师
手中绽放

名人妆容SHOW

金南珠
的美丽秘诀
→P177

金南珠

　　岁月流逝，她却依然拥有着完美的身材和迷人的长相，每次在主演的连续剧中她所使用的产品都达到卖光的程度，因此有了"元老全销女"的称号。金南珠的妆容特点是强调干净而透明的肤色以及眼神，涂抹粉色的唇彩，尽可能表现出颇显女人味的嘴唇。

Brown Eyed Girls
Miryo

看起开来总是很性感的Miryo，
只要改变一下化妆方法就可以变得华
丽又可爱。用春天般气息的眼影和唇
彩，演绎出清爽和甜美的形象。

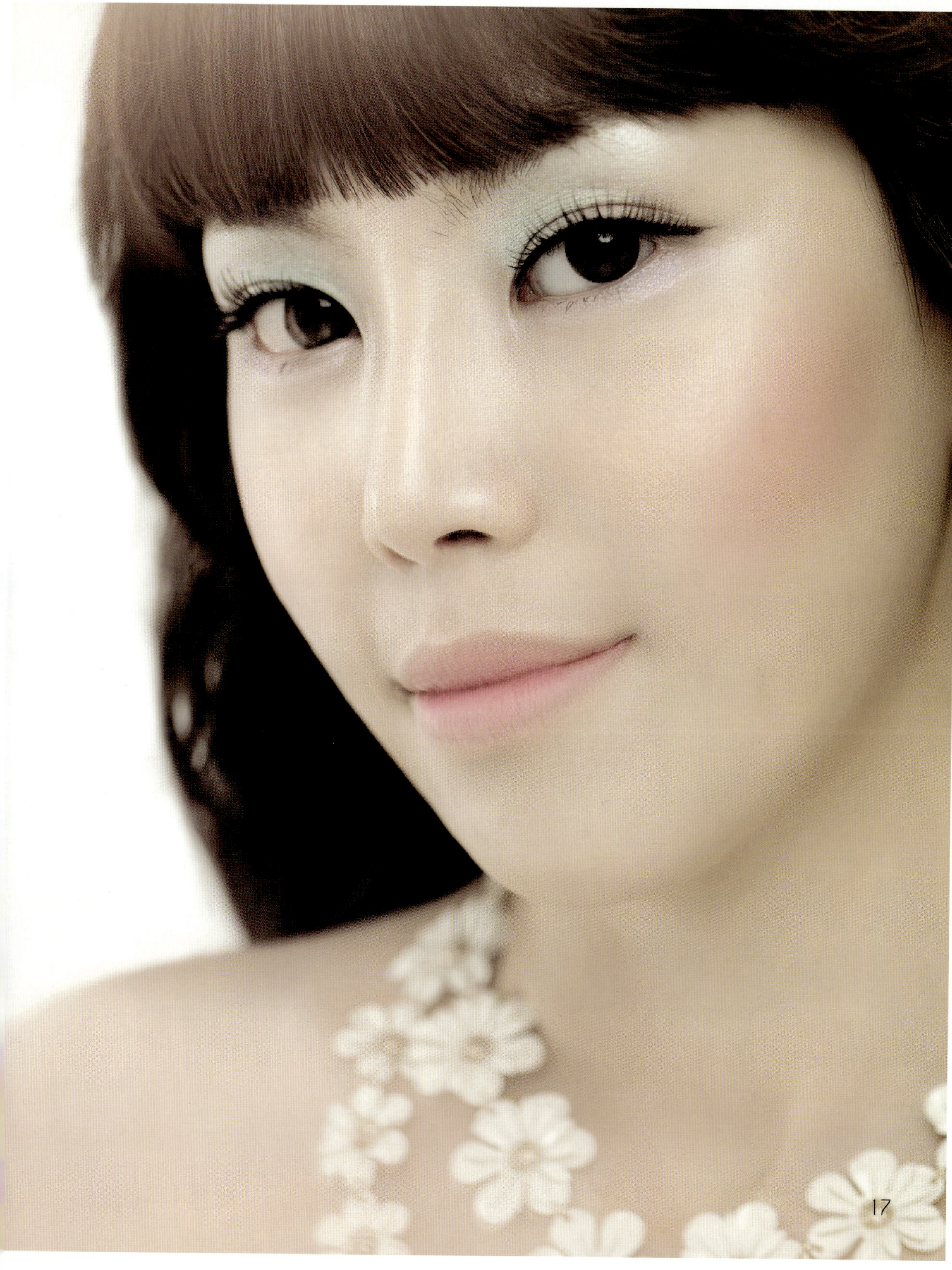

Brown Eyed Girls
孙佳人

性感又充满挑衅性的佳人，为了修饰单眼皮而拉长眼角，这已经成为她的代表性妆容，更加突显她的魅力。想画出性感的妆容，尽可能不要用太多的颜色，并且以眼妆为重点，这样不仅可以很性感，还可以增添利落的感觉。

孙佳人
的美丽秘诀
→P180

陈彩英

　　"享受化妆"用在她的身上最为恰当。根据不同的衣服、气氛、场合等变换妆容，从可爱的俏皮妆、清新的淡雅妆到充满感觉的浓妆，用不同的化妆法展现百变女王的气质。有时她还会要求画一些小斑点表现出可爱的一面。

Davichi 姜珉耿

用清纯的形象抓住男明情的粉丝的姜珉耿，
有着神秘、高贵和可爱的特点。如果她可爱的
眼睛可以通过眼线修饰。用粉色或者红色唇
彩，更加显出她的女性美。

姜珉耿
的美丽秘诀
→P183

全慧彬
的美丽秘诀
→P187

全慧彬

　　全慧彬有着性感的古铜色皮肤
和模特般的身材，所以她的妆容重
点在于强调健康性感魅力。强烈的
红色唇妆配上小烟熏妆的感觉，使
她的女性魅力更加迷人！

金玉彬

　　金玉彬的最大特点就是充满神秘的气质，还有那双迷人的大眼睛，给人留下深刻的印象。为了更突出她的个人特色，强调眼部的烟熏妆最为适合，在搭配神秘的金色眼影，使她的个人魅力更加突显！

金玉彬
的美丽秘诀
→P190

吴智恩
的美丽秘诀
→P193

吴智恩

　　如果用颜色来比喻的话，她一定是"白色"的。也就是说，她从不限制自己的颜色，无论遇到哪种颜色，都可以展现出不同的风格。从清纯的形象到大胆叛逆的形象，甚至从狂野的形象到优雅的形象，无不能展现。她的皮肤本身就很干净，所以比起深色底妆，更适合有光泽的净透底妆。

27

Part 2

通过化妆也可以表现出陶瓷皮肤、白玉皮肤和零瑕疵皮肤，但是凹凸不平的路面铺上红地毯和光滑而整洁的路面铺上红地毯，本身就有着很大的差距。化妆也是如此。皮肤虽然是天生的，不过也可以通过不断的努力而改善。陶瓷皮肤是女人们一生的梦想，本章会主要介绍打造陶瓷皮肤的第一步——基础护理。

皮肤好，妆容才能更耀眼

基础护理打造陶瓷皮肤

从现在就开始
打造陶瓷肌

Do it 越年轻开始保养越好

"如何能够拥有陶瓷般的皮肤呢？"

问这个问题之前先问问自己，平时对皮肤护理下了多少工夫。自认为天生丽质的人往往疏于对皮肤的日常护理，而经常起痘痘的人反而更加重视护理，因此，随着时间的流逝就可以看到二者皮肤的差异。

虽然黝黑的皮肤很性感，但是想要婴儿般的透明皮肤却是所有女人的梦想，如果放弃护理皮肤，后果是无法想象的。

我还年轻，不保养也没有关系吧

很多人会想：我刚刚才20岁，是不是过段时间再进行护理也来得及？遇到这样的情况，我经常会举这个例子：衣服可以以后挣钱再买，但是皮肤一旦出现问题，无论多昂贵的化妆品也修补不了，何况过了25岁，皮肤开始老化，在毛孔变粗大之前就做好保养工作，最大程度保护皮肤的弹力。

明星的皮肤无论是多次化妆，还是不分昼夜不间断地工作，她们的皮肤仍然能保持着光滑，这都是日常进行良好的皮肤管理的功劳。虽然上镜的时候带着厚厚的妆容，但是科学的护理才是他们保持陶瓷般皮肤的秘诀，并且她们不会忽略卸妆的重要性。唯有规律并且不间断护理自己的肌肤，才能获得预期的陶瓷肌。

Do it 不要用手摸脸

我们经常会无意识地用手触碰脸颊，与此同时，手上大量的细菌侵入到皮肤里，与皮脂发生化学反应。想想看，我们每天用手不断地接触物体：在地铁里握把手、敲击键盘打字、拿杯子喝水，这些动作不经意间都会粘到大量的细菌。再用沾满细菌的手摸脸，等于做了"我放弃了我的皮肤"宣言。

丢掉用手碰触脸颊的坏习惯

很多拥有童颜皮肤的人洗脸后都不用毛巾擦拭，而是用自然风吹干。虽然没必要做到这种程度，但最好还是不要用手碰触脸部。喜欢频繁地摸脸的人，一定要有意识地减少摸脸的次数，并且要经常洗手。

尤其是早上洗完脸，一定要穿好衣服后先洗手，再化妆。衣服有多少未知的灰尘，洗洗牛仔裤就知道了。一定记得皮肤护理的开始是保持双手干净。万事都需要坚持不懈的努力，想要拥有陶瓷肌肤，一定要有好的心态，再辛苦的努力都是值得的。

Do it 杜绝紫外线，别忘了擦防晒霜

　　紫外线对皮肤的影响大家再清楚不过了。紫外线的影响程度可以通过天天在田地里辛苦耕种的农民看出来。同样的年龄，农村的老人和都市的老人却有着不一样的皮肤，罪魁祸首就是紫外线。这些年由于环境破坏的加剧，更多的紫外线直射到皮肤上，不仅会引起老年斑、雀斑、红斑等问题，而且还会加速皮肤老化。很多女性误以为防晒霜只用在炎热的夏天，其实这是错误的想法。365天，无论是晴天、阴天、下雨天，还是下雪天，甚至在室内都需要涂抹防晒霜，因为升起太阳的白天无论在哪都会有阳光。

就算只涂抹防晒霜，也要卸妆

　　就算没有化妆，只是涂了防晒霜，也要一定要卸妆！因为防晒霜会堵塞毛孔，如果不卸掉，第二天肌肤可能会长出小粉刺。所以要塑造好肌肤的关键就在于每天认真涂抹防晒霜，并且养成睡前一定要卸妆的好习惯。

1. THE FACE SHOP natural sun AQ power long-lasting sun cream SPF 45/PA ++
2. MAC 防晒乳SPF50 PA++
3. DHC 活泉爽肤洁面乳 SPF 35

Do it 睡觉前一定要卸妆

很多女性因为疲劳、喝醉酒等种种原因，不卸妆就直接睡觉。但是如果把"累得都没有力气卸妆"当做借口的话，莫不如一开始就不要化妆。不卸妆睡觉对皮肤是最致命的伤害。脸部残留的化妆品会吸收皮肤的水分，导致皮肤干燥，使皮肤变得粗糙，进而慢慢损伤皮肤，所以睡觉前一定要卸妆！

如果不小心直接入睡了，第二天早上要做特殊护理！

明星们素颜下的好皮肤并不是与生俱来的。结束拍摄，即使凌晨4点钟回家，他们也不会直接入睡。哪怕直接入睡了，第二天早上他们会认真地洁面，用蒸汽浴巾除去毛孔的堵塞物，然后用浸湿化妆水的化妆棉擦拭脸部，用精华、面霜滋润皮肤，再敷面膜，用心护理受损的皮肤。

1. BIOTHERM New Aquasource 洁面乳
2. Origins 均衡泡沫洁面霜
3. DHC 深层卸妆油

Do it → 就算天冷，也要少开暖风

坐在一辆温度始终处在-10℃以下的车里，有一股暖风吹过是多么痛快的事情！想要拥有陶瓷肌，这个行为可是大NG哦！

暖风可以说是皮肤的"头号敌人"，干燥而热的空气会夺走皮肤的水分。不仅是汽车内，在办公室内也是如此。不仅如此，想想暖气或者空调有多久没有清洗了！不经常打扫的暖气和空调是各种细菌和灰尘的温床，会导致皮肤过敏或和呼吸不顺畅。

如果天气真的冷得受不了，先利用小毯子取暖，实在需要开暖风的话，也只能对着下半身吹，并且要随时开窗户保持空气流通。

Do it → 每天睡足7小时

一般来说晚上10点到凌晨2点是皮肤细胞滋生的好时候，也就是我们所说的睡美容觉的时间，因此要保证有规律的睡眠，每天都在同一时间睡觉。哪怕白天睡觉，晚上醒着，持续这种模式，身体也不会发生任何变化。因为身体本身有惯性，能够适应长此以往的生活习惯。如果这种持续的模式被打破，皮肤就会出现问题。去海外旅行，倒时差也是同样的道理。

充分的睡眠虽然重要，但良好的睡眠质量也是必不可少的。因此要选择对睡眠有帮助的枕头，没有必要的灯光都关掉，创造良好的睡眠环境。很多人会对枕套不怎么关心，其实脏的枕套也会对皮肤产生巨大的影响，因此常常清洗枕套也是有必要的。

Do it 每天至少喝8杯水

问许多艺人童颜的秘密是什么，她们几乎都会回答"每天一定要喝8杯水"。想象一下失去水分的水果——松弛、萎缩，皮肤也是如此，充分吸收水分是保持皮肤弹性的前提条件。

口渴就是人体水分缺失的信号，所以口渴之前就要先充分补充水分。但是一天喝8杯水并不简单，所以可以执行早上起床1杯，在学校或者公司1~2杯，中午吃饭前1杯，下午1~2杯，晚上吃饭前1杯，晚上睡觉前1杯，如果喝不惯没有味道的水，可以加点柠檬汁或者薄荷等。

基础化妆中
最重要的是什么

崔琇景 said
所有基础化妆都很重要，所以很难挑选出最重要的一项。化妆水要蘸在化妆棉上顺着皮肤的纹理擦拭，精华和面霜也一定要涂抹！早晨的化妆品和晚间的化妆品要分开使用，这样可以保持皮肤水油的平衡。同时，雀斑等有可能因为室内的灯光而产生，所以建议在家也使用防晒霜。

最后提供一个小技巧，如果要参加重要场合，化妆前做10分钟冷敷面膜，这样的话上妆效果更佳。

1. ORIGINS 水润畅饮夜间密集滋养面膜
2. belif First Aid - Overnight Skin Regeneration Mask

姜美 said
最重要的是洁面，洁面的过程中也最好不要让手碰触到脸部，可以把洗面奶挤到洗脸海绵或者泡沫网上，再利用泡沫来洗脸，海绵用完之后要洗净晾干。

惠珍 said
比化妆更重要的是卸妆。每天洗脸后都用冷水敷面10次以上，这样有助于收缩毛孔。每天坚持重复这个动作，用不了多久就能让肌肤越来越紧致。

晶美 said
首先要了解自己的肌肤属于哪种类型，再挑选适合的商品，千万别认为只有贵的商品才对皮肤好。肌肤状况不好的时候，不要擦太多的保养品，只擦保湿霜就可以了。

尚民 said
做好充分的保湿和隔离紫外线是最重要的，只要让肌肤充分得到滋润，彻底做好防晒，就可以维持良好的皮肤状态。

Do it 正确的洗脸方法

在洗脸的过程中很多人觉得不用力搓就会洗得不干净，其实这样反而会造成肌肤受损。洁面是为了打造没有杂质的皮肤而做的基础工作，过度洗脸反而会伤害皮肤保护膜，也会使皮肤失去应有的油分。尤其是深层洁面，用力擦拭脸部，会导致脸部产生细纹。

早晨洗脸要轻柔

早上只需要除去一整晚累计的油分和污渍，因此洗脸时间需要控制在2～3分钟，最大程度地使皮肤不会受到刺激。油性皮肤可以使用植物性香皂，干性、敏感性和中性皮肤可直接用清水洗脸就可以。

油性肌肤的人选择天然的草本香皂；干性肌肤或敏感性肌肤的人要选择一般的香皂。

晚上洗脸要深层按摩

一天下来，灰尘、皮脂、化妆品都混在一起，容易堵塞毛孔，所以一定要认真地洗脸。并且洗脸之前一定要先洗手，保持双手洁净。另外，用温水洗脸，有助于张开毛孔，最后用冷水来收缩毛孔。

晚上洗脸的顺序

1.将蘸有眼部专用卸妆油的化妆棉敷于眼部10～20秒，然后轻轻擦拭。

2.用卸妆油或者卸妆乳液以按摩的方式轻揉面部，卸除妆容。

3.用一张新的化妆棉柔和地擦除面部剩余的卸妆油。

4.将洗面奶充分打出泡沫，厚厚地抹在脸上，用水洗净，除掉油分。

5.用流水冲洗多次，再用冷水冲洗，以收缩毛孔。

浴室一定要具备的
清洁用品

泡沫网

没有充分融化的洗面奶直接接触脸部会刺激皮肤，使皮肤变得干燥。用泡沫网可以使泡沫粒子变小，质地更加柔和，而且皮肤在无刺激的状态下进行清洁，也容易除去污渍。

MISSHA Bubble MakerBubble Maker

植物性香皂

一般香皂是用来洗手的，不过浴室里备一个洁面专用香皂也是有必要的。要选择可以防止皮肤干燥的植物性天然香皂。

1.DHC 纯榄滋养皂
2.Biotherm 海草毛孔香皂

海绵

使用海绵洗脸更加有助于除去污渍和剩余的香皂泡沫，而且还卫生。海绵不是每日都用，而是在卸除卸妆霜或者卸妆油等油分比较多的产品时使用。尤其是在卸除眼妆和唇妆时，海绵的效果更佳。但是过度使用海绵会使皮肤变得粗糙，所以一定要注意。

Bellini 天然海绵

洗面奶

　　洗面奶建议挑选无色素、无香味的水溶性产品为好，并且打出的泡沫要富有弹性，在手掌和脸部中间起到缓冲的作用。使用后皮肤有紧绷、干燥的感觉。有油膜残留的产品最好不要选择。

1. LANEIGE 保湿泡沫洁颜膏
2. CLINIQ 水洗卸妆泡沫霜
3. ORIGINS 御龄有方洁面霜

卸妆油

　　卸妆油可以融化皮脂成分，无刺激地除去彩妆和污渍，渗入到化妆产品中，可以一次性地擦掉所有彩妆。但是卸妆油残留在毛孔里会导致皮肤问题，所以一定要进行彻底洁面。

1. LANEIGE 清透亮肤洁颜油
2. HANSKIN 橄榄鲜花精华卸妆油
3. DHC 薰衣草柔净卸妆油

去角质产品

　　去角质产品有磨砂质地、面膜类型，还有可以轻柔按摩的胶状产品。胶状产品可以去除皮肤内外双层的角质和累积很久的老废角质。

1. L'OCCITANE 天使草水盈去角质啫喱
2. THE FACE SHOP 蜜糖去角质啫喱
3. belif 棉花纤维素去角质凝胶

正确使用保养品，
打造陶瓷肌

Do it 早晨和晚上的化妆品要分开使用

保持无瑕皮肤的最简单方法就是定期到美容院或者护理院进行保养，但是高额的费用也是一笔不小的开支。所以平时的生活习惯显得尤为重要！

化妆品最好是区分早上和晚间。秘诀在于，白天要使用能够抵挡紫外线和灰尘等污染的产品，晚间主要使用充分补充营养的产品。

防晒霜只用在白天，乳霜类只用在晚上

防晒霜大多数是霜状或者乳液状，所以常被误认为是基础保养品。其实防晒霜会阻塞毛孔，最好是在白天使用，等到晚上洗脸的时候彻底清洗干净。营养乳霜则是在肌肤休息的时候提供充分的营养，如果在白天使用，会使肌肤过于油腻，进而促进痘痘的生长，而且不易上妆。

营养霜的用途在于皮肤休息时会供给充分的营养，所以用在白天的话过度的油分会导致青春痘的滋生，或者会出现晕妆。眼霜也是只适合用在晚间，因为化妆品间的不协调会导致反效果。

日用产品

会帮助皮肤锁住营养成分，阻止外界有害物质侵入到皮肤。日用产品含有防止紫外线的成分，所以在晚上使用会堵塞毛孔。

夜用产品

是用来镇静疲劳的皮肤、补充营养的，里面通常会含有与阳光产生化学反应，导致皮肤问题的成分，所以只能在晚间使用。

标清"晚间用"的专用产品，用在白天会产生皮肤问题的面霜种类比较多。

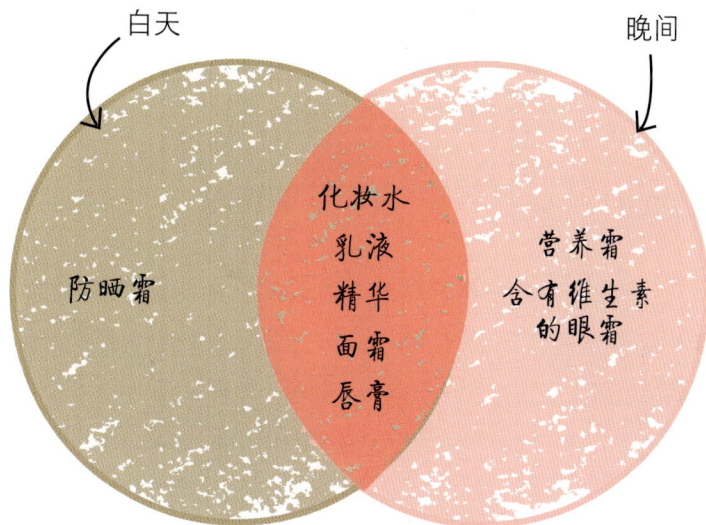

白天　　　　　　晚间

防晒霜　　化妆水　乳液　精华　面霜　唇膏　　营养霜　含有维生素的眼霜

早、晚使用的产品

41

Do it 不要完全依赖一个品牌

对化妆品有固有的观念，导致很难尝试新的产品，经常认为贵的化妆品一定好，或是认为只有某种颜色适合自己，从来不去尝试其他颜色。甚至有些人认为自己的皮肤只属于油性、敏感性、中性皮肤中的一种而已。其实皮肤是随时变化的。有时会干燥，有时会敏感，有时还会长痘。因此在挑选化妆品时，要根据肌肤的状况来选择，而不是一直使用某种品牌的化妆品或者某种单一的产品。

对于化妆品的性质，大家意见纷纷，不过比起坚持使用一种产品，莫不如**根据不同的皮肤状态时时更新不同的产品**。不是贵的品牌就一定适合自己，找到适合自己皮肤的产品才更为重要。

化妆品不要用得太节省

化妆品要在开封后6个月到1年之内使用完。化妆品放置时间过长会变质，反而对皮肤产生不好的影响。尤其是含有天然成分和植物性成分的产品，变质速度更快，因此开封后最好尽快用完。

Do it 化妆品不是擦得越多越好

你每天会使用哪些护肤品？活肌精华-化妆水-眼霜-精华-乳液-水分面霜-营养面霜-防晒霜？其实护肤品可不是擦得越多越好。所有肌肤问题最大的敌人就是干燥，只要每天做好保湿工作，就能让肌肤状况越来越好。我将保养程序简化为四步，依次为"化妆水—乳液—精华—面霜"。

过度化妆会引起皮肤问题

过度使用化妆品，会导致皮肤承受压力，引起皮肤问题，因此我建议早上涂抹化妆水-精华液-水分霜-防晒霜，晚间涂抹化妆水-眼霜-营养霜即可。

基础护肤阶段很容易混淆顺序，这时只需要记住一点，就是**产品的使用要从稀到稠**。不过美白产品适合用在化妆水和乳液之后，保湿霜之前。因为保湿霜会产生水分保护膜，所以其他机能性产品就很难渗入到皮肤里。

每天用化妆品给皮肤提供营养和水分，皮肤本身所有的机能会退化掉。所以每周1～2天只涂抹化妆水和乳液，让皮肤找回自身再生能力。

洗脸、卸妆也有顺序

洁面也是要遵循一定顺序的，通常化浓妆的时候，需要先用眼唇专用卸妆品卸除眼睛和唇部的彩妆，再用卸妆油卸除整脸的彩妆，最后用洁面乳洗脸。如果没有化浓妆，则可以省略眼唇卸妆的步骤，直接使用卸妆油和洁面产品。

|Do it 顺着皮肤的纹理涂抹护肤品

纸张有纹理，皮肤也是如此。

顺着皮肤的纹理涂抹护肤品，会使肌肤变得更顺滑，也比较容易上妆。如果逆着纹理涂抹，会使皮肤表面变得粗糙，这也是造成妆不服帖、卡粉的主要原因！

从中间向两侧延伸涂抹

无论是涂抹基础保养品、化妆品，还是进行脸部按摩，都要按照下图所示的纹路方向进行。基本原则就是顺着皮肤的纹理轻柔地"从里到外"将化妆品延展开。涂抹精华或者面霜的时候也按这种方式。长此以往坚持下去，就会有意想不到的效果。

按照箭头所指方向涂抹，长期坚持下去，皮肤状态会越来越好。

保持好皮肤的秘诀

催瑛景 said

日常的生活习惯最重要，充足的水分、合理的运动、健康的饮食、防止紫外线、禁酒、禁烟等，这些都是保护皮肤的日常基础工作，同时还要了解自己属于哪种肌肤类型，并找到适合皮肤的产品。

姜美 said

不要吃快餐和零食，要多喝水，随时随地补充水分。除此之外，毛巾、枕巾要经常换洗，保持干净，这样才不会使肌肤出现问题。

晶美 said

拥有陶瓷肌的人都有一个共同的特点，那就是无论何时都会一直喝水来补充水分。所以千万不要认为喝水是一件很麻烦的事，从现在开始多喝水，打造好肤质。

惠珍 said

根据皮肤的状态定期敷面膜、去角质。每天一定要认真清洁和做基础保养。

尚民 said

要维持好的肤质，保湿是最重要的。干燥的冬季对皮肤的损害最大，一定要涂抹保湿霜，或者先涂抹护肤油，再涂抹保湿霜，持续滋润。

皮肤好的人通常都有喝水的好习惯。

45

化妆水

1. BIOTHERM 活泉润透爽肤水

2. L'OCCITANE 蜡菊活颜精华保湿水

3. ORIGINS 御龄有方柔肤水

4. belif 佛手柑植物精华化妆水

化妆乳

1. BIOTHERM AQUASOURCE NON STOP MILKY LOTION

2. L'OCCITANE 天使草水盈保湿渗透乳

3. belif 鼠尾草活力平衡乳液

4. THE FACE SHOP CHIA SEED WATERY LOTION

5. ORIGINS 储水赋活美肌水

精华液

1. ORIGINS 御龄有方抗皱精华

2. L'OCCITANE 蜡菊赋颜修护精华液

3. belif 经典保湿精华

洁面的最后一个阶段——化妆水

化妆水不是化妆的第一个阶段，而是洗脸的最后一个阶段。洗脸后，将蘸有化妆水的化妆棉顺着皮肤的纹理轻轻擦拭，彻底清洁面部。记住，不要用手直接涂抹哟！

不要节省！

化妆水的作用是镇定肌肤、提供水分、除去脸上的残留物质和角质。产品的名称虽然有些不同，但是基本功能都是一样的，要选择无色、防腐剂少的产品。化妆水中液体浓度高的产品具有很好的滋润效果，不过与一般的化妆水相比较，镇定皮肤的效果较差，所以不适合干性皮肤或敏感性皮肤使用。

用化妆水蘸湿化妆棉，顺着皮肤纹理，以鼻子为中心，向两侧以扇子形状向外涂抹。

Tips

一定要涂抹乳液吗？

乳液其实就是化妆水和精华液的混合产品，在化妆水之后涂抹，可以维持肌肤的水分。如果不想擦太多的护肤品，可以简化保养程序，只涂抹化妆水和乳液，省略涂抹精华液的步骤。

基础阶段的主人公——精华液

　　精华液按字义理解就是拥有使用量最小却最有渗透力效果的化妆品。精华液是皮肤本身无法进行自我修复时用来做辅助剂作用的。精华液的成分可以渗入到皮肤里，帮助皮肤再生。

　　市场上有各种功效的精华液，要根根据自己的肌肤状况来选择，如抑制黑色素生成的美白系列、恢复皮肤弹力的抗老化系列、抑制并吸收皮脂分泌的收缩毛孔系列等。建议挑选质地薄并且吸收力强的产品，这样才不会使妆容看起来厚重。

ESTEE LAUDER
无限抗皱奇迹露\200ML

Tips

再生精华液，提高护肤品的吸收率

　　这类精华液产品可以帮助肌肤找回原本的机能，进而提高肌肤对其他护肤品的吸收率。使用时只需要滴2～3滴，不要擦太多，否则会造成肌肤负担过重。

眼霜

1. BIOTHERM 活颜眼部精华露
2. ORIGINS 御龄有方眼部精华乳
3. THE FACE SHOP 芒果籽滋润弹力眼霜
4. beliff 冰河能量抗皱活力眼霜

保湿霜

1. BIOTHERM 睡美人晶莹霜
2. BIOTHERM 活泉润透水分露
3. belif 斗篷草高效水份炸弹霜
4. THE FACE SHOP CHIA SEED WATER
5. ORIGINS 水赋活凝乳

营养霜

1. L'OCCITANE 蜡菊活颜精华修护晚霜
2. ORIGINS 御龄有方夜间修护面霜
3. ORIGINS 韦博士夜间修护面霜

眼霜：滋润眼周肌肤

眼角与脸部其他部位的皮肤不同，眼部皮肤薄而且不会有皮脂分泌，水分往往不足，因此要使用专用眼霜。眼霜最基础的功效就是保湿、维持肌肤弹力、除去眼角细纹。根据自己的皮肤状况选择适合的产品。

因为眼霜每天都要使用，所以要选择质地轻薄的产品，适合用在化妆水和精华液之间，涂抹时，用无名指轻轻拍按，以利于吸收。

保湿霜：防止肌肤水分蒸发

补水面霜能帮助皮肤产生保护膜，防止皮肤内部的水分蒸发，更好吸收之前所抹的基础化妆品中的营养成分。不要选择质地厚重的产品，清爽型的产品滋润效果更好，特别是油性肌肤和容易长痘痘的人，更要选择清爽不油腻的产品。

先将双手搓热，然后挤出适量保湿霜，用手指轻轻涂抹于在脸上，最后用温热的手掌轻按脸部，以便使营养成分更好地吸收进去。肌肤特别干燥的时候，可以将保湿霜和面部精油按1:1的比例混合，用按摩的手法擦拭，这样可以缓解肌肤干燥的状况。

精华霜：缓解肌肤一整天的疲劳

睡觉的时候毛细血管扩张，血液循环加快，皮肤内也会进行分泌，提升呼吸机能，从外界吸收营养的速度也加快。因此晚上涂抹精华霜，能使白天疲劳的皮肤得到充分的休息，为皮肤深处提供营养。

晚间专用产品虽对皮肤有很好的保护作用，但是其所含有的成分通常遇到阳光后会产生色素沉淀，如维生素A、AHA、维生素C等，因此这类产品只能在晚上使用。

富含维生素C的护肤品可有效抑制黑色素的产生

维生素C可抑制黑色素的生成，缓和斑点和痣等色素的沉淀，并具有减缓老化速度的功效。在西方国家主要将其用于防老化，而在亚洲国家则主要用于美白。

维生素成分敏感，所以保管时一定要存放在褐色或不透明的容器中，放置阴凉处。开启后要在6个月内使用完。

Tips

不要用手挖霜类护肤品

擦护肤品时要使用专用挖勺

涂抹护肤品（特别是霜类产品）时，最好使用专用挖勺，因为用手指取护肤品，很容易使细菌附着在上面，使产品变质，如果不小心取得太多，也不要再放回去了，因为护肤品一旦接触到空气，就很容易滋生细菌。除此之外，挖勺使用后，要用化妆棉蘸取化妆水擦拭干净。

防晒霜

1. THE FACE SHOP Natural Sun AQ Smart Handiness Sun SPF 50 PA++

2. DHC Q10 紧致焕肤美白防晒乳

3. belif UV Protector Leports Shaking Sunscreen

4. innisfree 天然有机防晒霜

嘴唇专用保湿剂

1.MAC 润唇膏

2.belif 糖衣水嫩护唇膏

3.L'OCCITANE 乳木果油有机滋润唇膏

4.BIOTHERM 凝乳丝滑护唇蜜

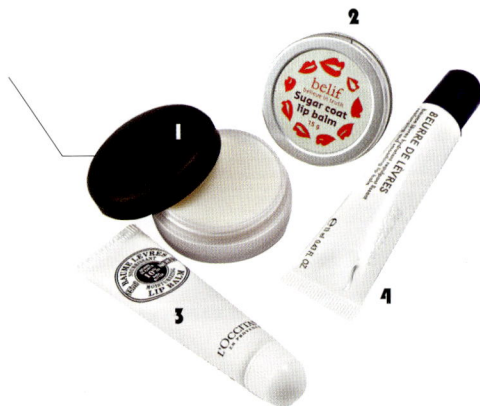

防晒：拒绝紫外线的伤害

防晒霜是护肤品，而不是化妆产品。所以防晒霜需要一年四季天天使用，可以当做妆前乳来使用。购买时要选择清爽型的产品，这样才不会造成肌肤的负担，并且只要薄薄涂一层即可，不能让肌肤看起来过白。

SPF表示防晒时间

我们通常认为SPF（防晒指数）数值越高，防紫外线效果越好，其实这是错误的常识。SPF是表示用完防晒霜之后能持续的时间，SPF1代表20分钟。

> **如何计算防晒时间**
> 例如SPF20的产品，20X20分钟=400分钟，即有6.5小时的防止效果。

PA表示防晒程度指数

紫外线的强度是用PA（Protection grade of UVA）来表示。PA分别用PA+，PA++，PA+++有三个阶段来表示，+越多，防晒的效果越好。

> **不同场所如何选择防晒指数**
> 室内：SPF15-20/PA+
> 室外：SPF30-40/PA++
> 海边：SPF40-50/PA+++

润唇膏：充分滋润双唇

嘴唇皮肤薄，所以维持水分的能力较低。嘴唇也像眼角一样没有汗腺和皮脂腺，角质层薄而嫩，比起其他部位的皮肤更容易起角质，所以更需要细心地呵护。不要等到嘴唇裂了再涂抹润唇膏，每天记得给嘴唇提供营养和水分。

虽然很多润唇膏都有润色的效果，但是最好选择无色无味的产品比较安全。在所有唇部保湿产品中，润唇膏的质地比较厚重，如果不喜欢，可以选择唇蜜或唇彩，薄薄地涂抹一层就可以了。

1. BURT'S BEES 蜂蜡润唇膏
2. DHC 橄榄护唇膏
3. Avene 全效滋润唇膏

化妆师推荐的基础护肤品

崔琇景 said

COSME 完美精致赋活乳

这款产品虽然价格有点高，但是保湿效果很出众。含有促进肌肤再生的成分，从肌肤底层开始保湿，一整天都维持水嫩感。

姜美 said

URIAGE Aqua Precis Intense Nurtition Balm

法国有名的保湿产品，质地清爽且保湿效果好。

惠珍 said

雪花秀素扇凝颜防护面霜

具有防止热和紫外线的功能，同时还有抗皱效果，可以当做日霜使用。

尚民 said

BOBBI BROWN 光净透白水润凝霜

含有丰富的水分和适量的油分。在妆前使用，可以使粉底液更容易上妆。

问题肌肤急救法 大公开！

　　肌肤是非常脆弱的，只要睡前吃多了或者喝多了，第二天早上脸就会水肿；过度疲劳，第二天马上出现黑眼圈；甚至只要没有彻底洁面，马上就会长出痘痘。你应该不只一次遇到以上的突发状况吧，快来学习正确的急救方法，对抗肌肤问题。

CASE 1 睡前喝了很多水，第二天面部水肿

Solution：先用冰敷消肿，然后再泡一个热水澡

　　睡前吃太多的食物或者喝太多的水，第二天早晨起来就很容易出现水肿。这个时候可以先用冰敷使脸消肿（可以用事先放在冰箱里的汤匙），然后再用冷热水交替洗脸。

消肿的另一个好方法就是出汗。通过跑步或者跳绳出汗，然后再进行冰敷，可以很快消肿。如果嫌运动麻烦，也可以做半身浴。在热水中泡20～30分钟，直至出汗。但是沐浴之后热量还会持续30分钟，所以不要马上化妆，等脸部消肿之后再开始上底妆。

CASE 2 因为太疲劳，脸发红又干燥

Solution：用茶包水敷脸，加强保湿

脸发红的情况下，可以用泡过茶的水与冰交替敷脸，并喝一杯凉水刺激身体，促进血液循环，恢复肌肤原本的功能。接下来涂抹面部精油或保湿霜，10分钟后再化妆，粉底液中也可以加入1～2滴化妆水，使底妆不会卡粉。

皮肤一旦感觉变粗糙了，最首要的任务就是充分地补水，使皮肤变得滋润。

涂抹粉底的时候加入1～2滴化妆水，改善肌肤干燥的状况。

CASE 3 角质太厚，皮肤很干燥

Solution：涂抹面部精油，使角质易于脱落

脸上角质太多的话，很容易出现浮粉的情况，可以在早上先用面部精油来做紧急护理，舒缓肌肤后角质就比较容易脱落，妆容也比较服帖。不过这只是应急的方法，晚上回家后还要进行深层去角质。

晚上洗完脸，妆容都卸除干净之后，用热毛巾敷脸，打开毛孔，然后用霜状去角质产品去掉角质。再按摩全脸，使脸部放松，完成深层去角质的流程。

COSME DECORTE
舒颜纯净按摩油

CASE 4 肌肤总是紧绷绷的怎么办

Solution：快速补充水分

早上睁开眼睛，皮肤有特别紧的感觉，这表明肌肤已经相当干燥了，要马上补充水分。首先用凉水洗脸，唤醒沉睡的皮肤，然后涂抹大量的保湿霜。上妆的时候在粉底液中加入1~2滴精油，并选择保湿的粉底，最后喷上保湿喷雾，轻拍打几下，这样就能缓解干燥。

belif 诺丽果高效保湿喷雾

|CASE 5 突然冒出了几颗痘痘怎么办

Solution：痘痘千万不能挤

昨晚睡觉的时候明明还没有痘痘，今早就冒了出来，真是令人烦躁！很多女生遇到这种情况会马上把痘痘挤出来，然后在痘印上涂抹遮瑕膏，但是这是大错特错的。挤痘痘后肌肤会出现伤口，非常容易造成细菌感染，用再多的遮瑕膏也于事无补。

长痘痘的时候，最好的方法就是不化妆。长痘是因为毛孔堵塞，在痘痘上面上妆只能导致毛孔更加堵塞。如果必须要化妆的话，也千万不能挤痘痘，直接化妆，再用遮瑕膏薄薄地涂一层即可。

Tips

长痘痘的时候还能擦防晒霜吗？

紫外线是皮肤老化的罪魁祸首，所以日常一定要用防晒霜。但是这类产品会堵塞毛孔的吗？很多人都有这样的疑惑：长痘痘的肌肤可以擦防晒霜吗？如果长了痘痘还不注意防晒，就会刺激皮脂分泌，造成痘痘上有色素沉淀。

因此，对于长痘痘的肌肤来说，选择防晒产品的类型尤为重要，一定要选择清爽质地的防晒产品，每天认真洁面才可以减缓痘痘恶化。

|CASE 6 没睡好，黑眼圈变得更严重

Solution：眼部按摩促进血液循环

熬夜或者失眠的时候，黑眼圈就会特别严重，这时要按摩眼睛周围。搓热双手，按住眼睛，再轻轻敲打眼睛下部的骨头，然后按住眼睛周围。最后再次搓热双手按住眼角部位，促进血液循环。

Solution：与其盖住黑眼圈，不如加强腮红和眼线

黑眼圈同青春痘一样，涂抹厚厚的遮瑕膏反而会起到反效果。黑眼圈严重的时候可以画上下眼线，并在眼睛下面打上亮粉，这样能使眼睛看起来更透亮，视觉的焦点就会放在眼睛上，而不会太注意到严重的黑眼圈了。除此之外，用腮红强调也是不错的选择。比原来打腮红的地方稍微往上一点，重点放在眼睛下面，效果更佳。

只要把腮红画在比笑肌更上面一点的地方，就能分散注意力，使黑眼圈看起来没有那么明显。

CASE 7 嘴唇很干燥，润唇膏都涂不上去

Solution：用热毛巾先去掉角质

天气太冷或者太累的时候，嘴唇会变得干燥，甚至脱皮，这是因为嘴唇上的角质太多了，这个时候可以先用毛巾热敷，等角质软化后再用棉棒轻轻去除。赶时间的话可以先涂上一层厚厚的保湿霜，等10分钟后再洗掉，此时嘴唇马上变得水润。

Solution：平时也要注意保湿

嘴唇没有皮脂腺，当你感觉嘴唇干燥的时候，用舌头湿润嘴唇会感觉瞬间变得很滋润，但是当唾液蒸发后就会带走唇部的水分，反而使嘴唇更加干燥。因此想要拥有滋润的嘴唇，就要从平时开始勤奋保养，随身携带具有防晒功能的护唇膏，随时随地补充水分。

Part 3

每天涂涂抹抹，黑眼圈还是去不掉，细纹总是卡分，化妆确实可以使自己变得更美丽，但是你真的会化妆吗？是不是常常画了自认为很完美的妆容，却仍然没有获得预期的效果？其实只要掌握化妆的秘诀，就能让化妆事半功倍，画出超完美的迷人妆。

少女天团
御用彩妆师

魔法化妆
秘诀 A to Z

化妆前的重点！
Check Point

　　大多数人一般只关心在脸上使用什么样的产品，如何使用，但是却有很少的人会仔细研究自己的脸型。我认为想要画出一个完美的妆容，首先要了解自己，只有充分认识到自己脸型的特征，把特色强调出来并掩饰脸部的缺陷，才能打造出最适合自己的完美妆容。

|Check 先仔细观察自己的脸型

　　在化妆的过程中很多人对自己的脸型感到陌生。因为脸型是否对称、鼻子大小，甚至双眼皮的宽度都会影响整体妆容的效果，因此化妆的第一步就是要先观察自己的脸型，准确掌握，找到秘诀，才能画出完美的妆容。

　　化妆前可以先把自己的脸型仔细观察一下，找出不太协调的地方，把这些地方通通列出来，在下一步的化妆过程中尽量弥补。只有知道自己脸上有哪些不完美的地方，才能通过化妆弥补，使自己更美丽！

鸡蛋区

T区

C区

苹果区

C区

U区

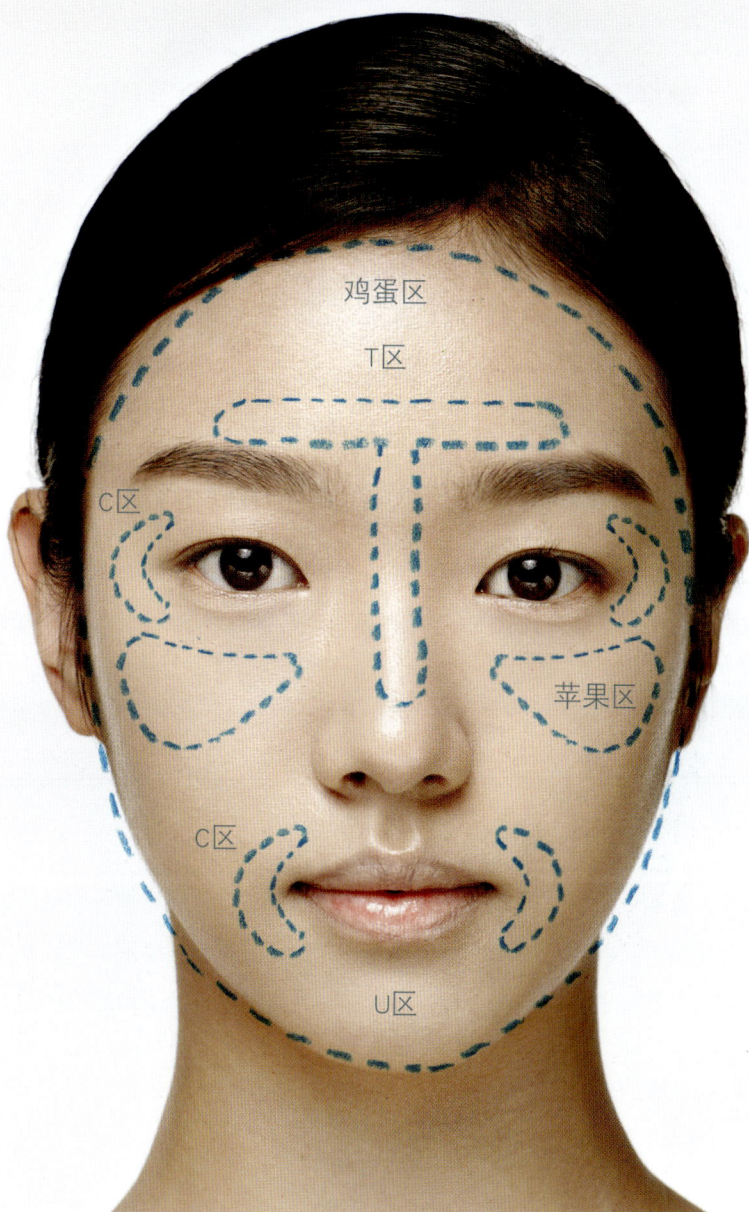

鸡蛋区 在这个部位稍微打亮轮廓，能打造出完美的立体感。

T区 只要在这个区域打亮，形象会变得完全不同。

U区 经常会干燥，产生角质，所以要注意护理。

苹果区 让这个部位看起来水润饱满，就能打造童颜美肌。

C区 皮肤老化的速度比较快，容易产生皱纹，所以要细心保养。

Check 化妆品的最佳有效期是一年

无论是基础化妆产品还是彩妆产品，一旦过了一年最好是扔掉。

很多化妆品开封后因为季节的原因或者流行的因素，甚至没有任何理由会搁置很长一段时间，要扔掉觉得可惜，不扔掉又不会再用。其实无论护肤品还是化妆品，他们都属于消费品，虽然有一些产品的保质期很长，但是只要超过一年，最好也要替换了，因为产品长时间处在开封的状态，很容易受到细菌的污染。

基础护肤品在不接触光和热，也不接触空气（开封前的状态）的情况下，在室温可以存放3年，不过一旦开封后，做多只能放置一年。因为无论是什么样的产品，一旦与空气接触就会发生氧化，所以开封后最好在6个月内使用完。

不要用价格衡量产品的好坏

很多人都有"便宜没好货，好货不便宜"的观念，其实这种观念是完全错误的。昂贵的产品你可能舍不得用，越少用就越容易放到过期。化妆品无论价格高低，选择适合自己的才是最重要的。因为永远都没有最好的产品，只有最适合自己的，一定要记住！

|Check 每天确定化妆的主题

很多人在化妆时都是按照"底妆—眼妆—唇妆—腮红"的顺序来画，其实化妆并没有严格的顺序，就像阳光明媚和乌云密布的心情不同一样，化妆的时候要根据当天的皮肤状况来决定，而且每天要画不同的妆容，根据当天的发型、着装等尝试不同的妆效，这样在不知不觉中就会学到很多化妆的技巧。

根据皮肤状态、化妆法等尝试改变顺序

皮肤状态不好的日子大胆尝试把化妆的重点放在眼线上。皮肤状态比其他日子更有活力，就把重点放在腮红上。化浓妆的时候也可以尝试先画眼睛部位，再画底妆。因为画眼影时可能会掉黑色粉末，其粘到底妆上，会导致底妆很难看。要根据当天的心情和皮肤状态可以自由地尝试不同的化妆方法。

另外，不要盲目地追求流行，最重要的是选择最适合自己的化妆方法，例如眼睛又大又亮的女生，如果画一个浓浓的烟熏妆就显得很俗气；嘴唇又大又厚，涂抹鲜艳的红色口红就会让人产生压抑的感觉。因此我们一再强调，一定要找到适合自己的化妆方法，才能画出完美的妆容。

善用化妆工具
让化妆事半功倍

很多人喜欢用手直接化妆，认为手的温度会使妆容更服帖。但是如果不是专业化妆师的话，直接用手化妆很容使妆画得不够均匀，所以尽可能使用化妆工具。尤其是毛孔粗大、皮肤有疤痕等皮肤问题比较多的人，使用工具才能画出更完美的妆容。

TOOL1 最基础的化妆工具——化妆棉

化妆棉主要用来蘸取化妆水擦拭全脸，或者用来卸妆。因为直接基础皮肤，所以要选择柔软的棉质（100%棉），并且确保棉絮不会掉落，这样对皮肤的刺激也会比较小。除此之外，用过一次的化妆棉不可以再次使用，一定要扔掉！

DHC化妆棉

TOOL2 多种用途的化妆工具——棉棒

在画眼妆和唇妆，或者需要部分的修正时，都会用到棉棒。用在眼睛等敏感部位的棉棒，最好不要选择薄或者易断的材质，棉棒蘸取化妆油或乳液等产品可以减少对皮肤的刺激程度。

DHC 纯榄棉棒

TOOL3 使妆容更服帖的工具——海绵

海绵是化妆时使用频率最高的工具，所以挑选的时候一定要慎重考虑。海绵也有很多种类，乳胶状或聚氨酯类型的海绵可以提高皮肤对化妆品的吸收力。天然橡胶海绵质感光滑，可以表现出滋润光泽感的底妆。

CLIO 水感海绵、DHC海绵

Tips

海绵的选择与使用

1.擦额头、脸颊等大面积区域时，使用面积大的一面。
2.擦嘴角、鼻子两侧，使用海绵尖尖的部分。
3.海绵太大或者太小都不太好，要选择直径3～4厘米大小即可。
4.用手按压海绵时，富有弹性是最适合的。

资生堂睫毛夹、植村秀睫毛夹

TOOL 4 卷翘睫毛的好帮手
——睫毛夹

想要获得卷翘的睫毛，睫毛夹的弧度必须与自己眼睛的弧度保持一致，并且要选择易于抓握的，这样夹睫毛的时候才能更轻松。另外，睫毛夹里的塑胶垫是非常重要的，如果旧了一定要换新的，因为断裂的塑胶垫很容易把睫毛夹掉。

TOOL 5 为不同部位准备的工具——化妆刷

化妆刷的种类相当繁多，大概有10几种，化妆的部位不同，要选择不同的刷子，这样很容易画出超完美的妆容。腮红或眼影套装中会配有化妆刷，它的主要作用是修饰，并不适合化妆。

Tips

化妆刷的选择与使用

1.刷子的毛质最重要，购买前先在手背上试一下，一定要柔顺并且没有刺痛感。

2.刷子毛的长度要左右对称，压在手掌时要感觉有弹性。

种类	说明
粉底液刷	底妆、BB霜、粉底液等可以均匀地涂抹。刷子呈扁平型，一般是合成毛，要选择毛质细腻、有弹力的产品
眼影刷	主要用于把眼影刷涂在眼皮褶皱处
要点刷	画眼妆重点部位或是进行颜色混合时使用
嘴唇刷	颜色强烈或者质地比较硬的口红最好用唇刷。选择合成毛，毛不能太细、太长
粉刷	刷去多余的粉，使妆感更轻薄。要选择毛质匀称、浓密，感触柔顺、有弹力的天然毛
阴影刷	用在脸部轮廓的刷子。刷头要大，毛质要有弹力、柔顺才可以表现出匀称而自然的妆感
遮瑕膏刷	可以遮盖脸部瑕疵和缺陷。要选择合成毛，并且刷头不能太大，厚度和大小适中的产品
腮红刷	在颧骨上画出重点，想要表现出清爽的感觉就使用斜线的刷子，想表现可爱的感觉时就使用圆头的刷子
高光刷	画高光所使用的工具，建议选择斜线形的刷头，服帖性比较好，而且不会留下粉末
鼻梁刷	想表现出挺拔的鼻梁就可以使用。要选择柔顺而有弹性的毛质
眉刷	整理眉形的必备工具，要选择富有弹性的合成毛和天然毛混成的产品
眼线刷	毛质要有力度，刷头扁而短
结束用刷	刷头想扇子的形状，用于刷掉脸上多余的粉末
螺旋刷	在整理眉毛或睫毛的时候使用

粉底液刷

尖刷

眼影刷

嘴唇刷

要点刷

腮红刷

重点刷

螺旋刷

|Check 化妆工具要清洁干净

　　化妆工具直接碰触皮肤，所以一定要保持干净。含有油分的化妆品和皮肤的皮脂直接碰触，再加上与空中的灰尘相融合，对皮肤的损伤是不能小觑的。因此，再次强调，化妆工具必须要清洁干净，并放在阴凉处晾干。

化妆刷的清洁方法

　　粉底液刷每次使用前都要清洗，粉刷和腮红刷则需要1～2周清洗一次。清洁方法是将刷子专用洗涤剂或者洗发水倒入温水中溶解，然后把化妆刷浸在水中反复刷洗，然后用毛巾顺着毛的方向将水分吸干，再放在阴凉处晾干，这样再次使用时又会变得非常柔顺。

（左）THE FACE SHOP IT
BRUSH CLEANER
（右）CLINIQUE MAKEUP
BRUSH CLEANSER

海绵的清洁方法

　　涂抹粉底的海绵每天都要清洗：把海绵放入干净的水中充分浸湿，然后再用香皂搓洗，反复用手一抓一放，海绵里面的粉底就会被挤出来，这样就可以将海绵清洗干净了。

粉扑的清洁方法

清洗粉扑的时候，要利用双手的大拇指把粉扑上的污垢往外推挤，然后轻柔扭转反复清洗。洗净之后用手按住粉扑清除水分，再用毛巾吸出水分，最后平铺在干净的毛巾上晾干。

眼影刷的清洁方法

眼影刷是与眼角直接碰触的工具，建议要准备2～3只交替使用。在温水中滴入中性洗涤剂充分溶解，然后反复洗涤眼影刷，最后放在阴凉处自然晾干。

睫毛夹的清洁方法

几乎每天都会使用睫毛夹，而且睫毛夹会直接接触眼膜，所以要特别保持干净。清洁时可以将化妆棉蘸取酒精或清洁剂，轻轻擦拭睫毛夹的框架，胶垫也要做特别清洁。

其他工具的清洁方法

眉刀、夹子、小剪刀等小工具可以放在干净的毛巾上，然后再喷上含有酒精成分的消毒剂来消毒。

化妆师的秘诀

打造滋润而光滑的基础
底妆

🧴 记住"顶点和扇形法则"

完美底妆第一步就是先找出脸上的亮处和暗处，也就是要知道哪里需要提亮，哪里具体变暗，这也是化妆师们经常说的"顶点化妆法"，这种画法能够更加明显地表现出脸部的立体感，并且还具有减龄的效果。

鹅蛋脸的人以额头中央、两侧颧骨的外侧、下巴的顶点为线，就会形成一个菱形；倒三角、圆脸、长脸的脸的人以两侧眉间和鼻子下面的顶点为一线，就会形成一个三角形状。在菱形和三角形的顶点内提亮，顶点外画暗，这样就可以表现出脸部的立体感。与此同时，顶点内的光会反射出来，还能使底妆看起来充满光透感的魅力。

鹅蛋形的脸在额头中间，两侧颧骨的外侧，下巴末端找出顶点形成菱形，在菱形内侧提亮，外侧用稍微暗一点的粉底打暗，制造阴影。

大倒三角形或圆脸的人，要先找出脸上的大三角形；小倒三角形脸或长脸的人，则要找出脸部里面的小三角形。只要在三角形的内侧混合使用亮粉底液和暗粉底液，就可以掩饰脸型的缺点。

要同时使用两种颜色的粉底液

为了打造滋润而光滑的底妆，化妆前要先涂抹保湿霜，充分拍打吸收后再涂抹粉底液。保湿霜不仅可以帮助皮肤提高对化妆品的吸收力，而且还可使皮肤更加净透。

根据自己的脸型找出顶点，连成线，在线内提亮，线外要用比内侧暗一层的粉底液。这种方法适用于任何脸型，可以使脸显得小而立体。

T区部位和眼底部位：使用比皮肤颜色亮一级的底霜，脸部中间部位：用粉底霜；杂质比较多的部分：用专用遮瑕膏。根据每个部位的特征使用产品，效果会更自然。

找到适合自己皮肤的颜色

亚洲女性喜欢白皙透亮的肌肤，大部分会选择颜色较亮的粉底，这是非常错误的观念。因为如果无视自己皮肤的颜色就擦亮色粉底的话，脸就会显得特别突兀，也无法表现出自然的陶瓷肌肤。

为了找到合适自己肤色的粉底，要在脸上直接擦拭。首先选择几乎看不出涂抹效果的产品。然后以这个基准，选择比这个亮一点或暗一点的颜色，选定后就可以按照前文所讲的"顶点化妆法"涂抹，打造立体感底妆。

除此之外，把粉底擦在脖子上，选择最自然渗透进皮肤的颜色，也是判别颜色的好方法，这种方法可以避免脸和脖子出现两种颜色不自然相融的情况。

打造陶瓷底妆的
秘诀

佩瑶景 said
用海绵擦粉底可以使底妆更薄。比起直接用手涂抹，海绵可以打造更服帖的底妆。

恩珍 said
化妆前先涂抹具有收缩毛孔效果的打底霜。打底霜可以填补肌肤上的凹陷，可以使肌肤看起来更顺滑。

美 said
毛孔粗大的皮肤在画底妆前一定要先使用打底霜。皮肤好的人则可以将打底霜与打亮霜一起使用。

1. LANEIGE 空气轻盈妆前乳
2. THE FACE SHOP FACE it Flawless Fitting Starter Cream

晶美 said
画底妆前先了解自己肌肤的颜色和类型，这样才能根据自己肌肤的特点打造出适合的妆容。

尚民 said
使用喷雾和海绵是使底妆更服帖的秘诀。让在化妆前先喷上喷雾，给肌肤补充充足的水分。然后使用海绵涂抹粉底，这样就能画出更服帖的妆容。

喷雾

1. espoir perfect fitting mist primer
2. LANEIGE 水酷润颜矿物水喷雾
3. MAC 活力喷雾
4. L'OCCITANE 欧舒丹乳木果卸妆保湿水
5. CLINIQUE 水嫩保湿喷雾

底妆液

1. CLIO ALLDAY 清透隔离霜
2. NARS PRO PRIMER SKIN SMOOTHING FACE PREP
3. ESPOIR SKIN TONE - UP PRIMER SPF 15 PA++

面部精华油

1. COSME DECORTE 舒颜纯净按摩油
2. CLARINS 兰花脸部护理油

粉底

1. COSME DECORTE 珍萃精颜修护粉霜
2. eSpoir MATT STAY LIQUED FOUNDATION SPF15 PA+
3. MAX 柔雾无瑕粉底液
4. LANEIGE 空气轻盈保湿粉底液

保湿效果出众：喷雾

化妆水和保湿喷雾的共同点是两个都是液体。但是用途却截然不同。保湿喷雾比化妆水更能为肌肤提供充足的水分。皮肤特别干燥的人可以按照基础护肤品—喷雾—保湿霜这样的顺序涂抹，肌肤不仅可以整天保持滋润，而且后续化妆品的服帖度也很高。

有些人觉得用完喷雾皮肤会变得更干燥，这是因为皮肤表面的水分蒸发的时候会带走皮肤底层的水分。所以用喷雾的时候要用手轻拍，使水分完全进入皮肤，然后用纸巾轻轻按一次，再开始化妆。

喷雾也是补妆的好帮手

喷雾的用途很多，在完妆的状态下，在乳胶材质的粉扑上喷一点喷雾，待水分吸收后再进行补妆，就可以维持干净的妆容。

此外，喷雾还可以镇定在太阳下受到刺激的皮肤，甚至在洗脸时也可使用喷雾。

喷雾要选择含有天然或胶原蛋白的产品。如果是敏感性的皮肤，可以选择含有薄荷成分或者有机成分的产品。如果皮肤特别干燥，要选择含有精华或者精油成分的产品。

喷雾应该离面部20～30厘米使用，这样才可以喷到脸部各个角落。

一滴效果惊人：面部精油

说起精油，大家都会觉得油腻、不易吸收。但是最新上市的面部精油不是矿物质油，而是植物性油，对皮肤亲和力佳，易吸收，也不会堵塞毛孔。只需1～2滴就可以看到神奇的效果。护肤油并没有涂抹的顺序。可以在洗脸最后一步滴入一滴，或者洗脸后直接抹在皮肤上，可以预防干燥。甚至可以滴入到精华或者面霜中，代替精华液使用，可以对皮肤产生保护膜并防止水分蒸发。

除去老废角质，镇定皮肤

面部精油还可以去除老废角质。在面部湿润的状态下使用精油按摩，再用热毛巾敷5分钟左右，这样可以很自然地除去角质，使皮肤变得更光滑。在BB霜或者粉底中少量添加，可以起到滋润皮肤的效果。

盖住毛孔和细纹：妆前乳

在涂抹粉底之前使用妆前乳可以掩盖毛孔或者细纹，以便后续更好地上妆。

如果肌肤状态很好，皮脂不会过分分泌就没有必要一定使用妆前乳。如果毛孔突出，则选择在T区、鼻子、下巴等部分涂抹。涂抹时用轻轻拍按的方式铺平。

含有硅粒子成分的妆前乳效果最好

　　干燥的肌肤为了补充水分，一般都会选择胶状类的底妆产品，可这类产品往往在水分蒸发后，容易使肌肤变得干燥。因此建议选择含有硅粒子成分的产品，这样才能在肌肤上形成长效的保湿层。

🐚 打造陶瓷肌的绝密：粉底

　　粉底的种类繁多，有乳霜状、粉饼、粉底液等，但是最基本的粉底还是液体状的。因为其水分多、油分少，更容易贴合肌肤，可以呈现出透明的皮肤质感。

液体状粉底

液体状的粉底最大的特点就是轻薄，比其他类型的产品更适合打造出肌肤的裸妆感。但是持久性比其他种类的产品低。

想要全脸都透亮的话，建议选择NARS。若想表现出光泽质感，则可以选择DIOR；如果不想肌肤有油腻感，可以选择VDL的产品。

1. NARS Sheer Clow Foundation
2. Dior New Skin NUDE Fluid Foundation
3. VDL PERFECTION WEAR FOUNDATION

固体粉底

覆盖力和吸收力都很出众，但比较难推开。产品1的保湿度很高；产品2可以当做粉底和遮瑕膏使用。

1. eSpoir ULTRA MOISTURE STICK

2. BOBBI BROWN 舒容粉妆条

粉饼

赶时间的时候，可以直接擦上粉饼，但皮肤干燥的话很容易看出粉底的质感，而且妆容容易浮在脸上。1是保湿效果很好的霜状粉饼；2是含有矿物质成分的粉饼；3具有调节皮脂功能。

1. eSpoir FACE SLIP HYDRATING COMPACT

2. MAC MINERALIZE SPF15 FOUNDATION PACT

3. CLIO ALLDAY FREE LIGHT FOUNDATION PACT

Tips

BB霜和粉底液的区别

　　BB霜原本是为了镇定刚做完皮肤激光手术后的皮肤疤痕。BB霜里包含底妆和防紫外线功能的物质。因此BB霜的覆盖力弱，持续时间短。与此相比，粉底液颜色多，覆盖力强。

　　简单来说，BB霜和粉底液的共同点都是使肤色均匀，遮盖瑕疵。不过BB霜的持续力和覆盖力弱，想要简单修饰肤色，表现出素颜裸肌的效果，可以使用BB霜。而粉底液有较强的覆盖力和持续力，所以需要长时间保持化妆效果时，则要选择粉底液。

使妆容更服帖的秘诀1：排毒按摩

按摩有助于促进血液循环，提亮肤色，排除毒素和废物，提高化妆品成分的吸收力。但过分地按摩会导致皮肤下垂，因此找准指压的点，稍微用力按压就可以了。建议在擦完化妆水之后进行按摩，这样可以提高皮肤的弹性，也比较容易上妆。

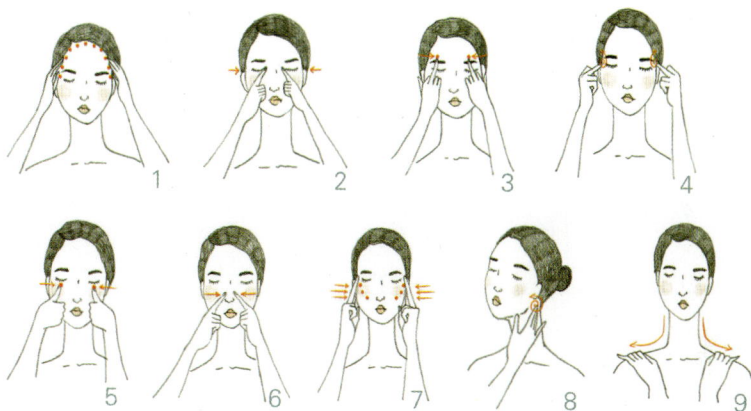

粉饼

1. 额头上部，发际线中心向下移动着按摩，促进排毒。

2. 用示指按住眼角向脸部中心按摩，缓解眼部疲劳和水肿。

3. 持续按住眼眉上方的骨骼，可以有效果去除眼部毒素。

4. 按住太阳穴3～5秒，再画圆圈。不仅可以排毒，还可以防止眼角下垂。

5. 用大拇指按眼睛下方的小骨，可以有效果改善黑眼圈。

6. 按住鼻翼两侧凹进去的部位，可以防止八字纹。

7. 从耳朵旁边开始沿着颧骨按住，可以排出脸部毒素。

8. 按住下巴线结束的点，耳根下面的部位，向上画圆圈，可排出毒素。

9. 最后用手轻拍，从脖子轻轻拍到肩膀。

遮瑕膏

1. CLINIQUE DERMA WHITE SPOT CONCENTRATE CONCEALER SPF21 PA+

2. NARS STICK CONCEALER

3. eSpoir FULL COVER STICK CONCEALER SPF30

亮霜

1. eSpoir DEWY FACE GLOW

2. benefit high beam

3. NUXE GOLDEN SHIMMER

4. MAC 晶亮润肤乳

粉底

1. THE FACE SHOP FACE IT Flawless Mineral Cover Powder

2. MAC PREP+PRIME TRENCEFAIRINT FINISHING POWDER

3. LANEIGE WATER SUPEREME FINISHING PACT SPF25 PA+++

盖住肌肤下擦：遮瑕膏

遮瑕膏的用途是遮盖肌肤上的瑕疵，如青春痘、斑痕等。质地干燥的遮瑕膏长时间擦在脸上很容易使肌肤的纹理更明显。因此建议遮瑕膏与粉底液混合使用，这样会比单独使用遮瑕膏效果更自然。

选择比肤色亮一点的颜色

遮瑕膏的颜色选择也很重要。遮瑕膏的目的是盖住脸部瑕疵，所以颜色太亮会显突兀，颜色太暗又会使肌肤看起来很暗沉。所以要选择比肤色亮一点点的颜色。涂抹的时候一定要均匀，不要留下分界线。

不同质地的遮瑕膏使用方法也不一样

遮瑕膏不用擦太多，尽量在小范围内擦得很薄，并多擦几次，这样才会更服帖。不同质地的遮瑕膏使用的方法也不一样，所以最好提前知晓。

霜状的遮瑕膏

介于棒形和液体状中间的形态，所以遮瑕力也是中等效果，用于遮盖较深的疤痕，要是过量使用可能会使妆容看起来很厚，所以要少量一层一层地涂抹。建议使用小化妆刷，这样不仅卫生，而且效果更好。

1. benefit boi-ing
2. BOBBI BROWN CREAMY CONCEALER

棒形或者铅笔形的遮瑕膏

对雀斑、痣等微小的斑痕有很好的遮瑕效果。在痣上面用遮瑕膏点一个点，然后用海绵蘸上粉底按压。为了显得更自然，最后用手在中间自然地推出渐层。

1. LANEIGE Easy Drawing Concealer
2. THE FACE SHOP FACE IT RADIANCE

液体或软笔状的遮瑕膏

具有滋润的精华质感，所以涂抹起来更轻薄。不过与其他种类遮瑕膏相比，遮瑕力较差，所以可以用在黑眼圈、细纹、嘴角等部位。在遮瑕膏上面再打一点粉底可以提高持续力。

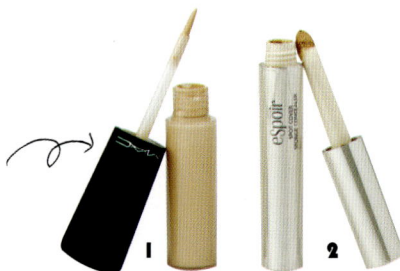

1. MAC MINERALIZE CONCEALER
2. eSpoir SPOT COVER SPONGE CONLEALER

突出脸部立体感：高光

打高光的亮度不要太夸张，主要是保持肌肤水润，因此想要画出可爱的妆容，建议使用高光。高光的种类繁多，如果涂抹在T区，就可以突出脸部的立体轮廓，还能隐约散发出迷人的光泽。

让肌肤更净透：蜜粉

作为底妆的收尾做工，比起用粉饼，更建议使用蜜粉。因为蜜粉可以展现出透亮的肌肤质感。使用时按压在需要的部位即可，不用全脸都用。

蜜粉的使用方法

1	稍微带有粉红色的透明蜜粉可以去除油脂，使肌肤看起来更粉嫩
2	脸部容易出油的人，可以根据脸部轮廓在脸颊外侧擦蜜粉，这样可以防止头发粘到脸上
3	在眉骨、鼻梁、颧骨、下巴末端涂抹含有珠光成分的蜜粉，可以突显脸部立体感

五位化妆师告诉你

BEST 化妆师推荐的底妆产品

LANCOME UV EXPERT BB霜

这是一款BB霜和防晒霜合二为一的产品，外出时只擦这个产品就可以了。

CLARINS SMOOTH PERFECTING TOUCH

这款产品又叫做"毛细孔的橡皮擦"，质感特别柔和，一般情况下体温就可以使其融化，自然地遮盖毛孔。

BOBBI BROWN ILLUMINATING FACE BASE

含有细微的珍珠成分，可以使皮肤马上提亮。

MAKE UP FOR EVER ALL MAT

油性皮肤男性在化妆前涂抹薄薄的一层，可以一整天保持水油平衡，维持干净的皮肤。

化妆最重要的步骤就是底妆，只要底妆画得出色，无论什么妆都很好看。相反，如果底妆没画好，就会使皮肤看起来脏脏的，也不容易上妆。

在画底妆前，要先涂抹大量的保湿霜，保持肌肤的水嫩质感。涂抹粉底的时候，根据所要呈现的不同感觉，使用不同的工具。

使脸部更立体的
基础底妆

1

用化妆水充分蘸湿化妆棉，顺皮肤纹理按照箭头所示的方向柔和地擦拭。

2

充分涂抹面霜，轻轻拍打几下，再搓热双手反复按住脸部，使皮肤更好地吸收。

3

擦拭脸部剩余的面霜，避免晕妆。用干燥的乳胶拍打脸部，去掉浮在脸上的面霜。

4

根据肌肤的类型选择合适的产品，用手在全脸擦上防晒霜和打底霜。

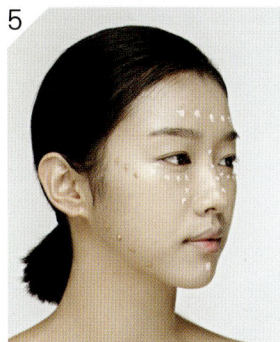

5

与肤色相同颜色的粉底液和比肤色暗一点的粉底液如图所示，轻轻点在脸上，然后用粉底刷均匀刷开。

6

用乳胶以按压的方式涂抹粉底液。不是用点的感觉，而是利用手腕的力量拉起来弹擦。

7

遮瑕膏最好不要单独使用，而是将粉底液和遮瑕膏以1：1的比例混合涂在痘痕和斑点处。

8

为了防止涂抹遮瑕膏的地方留有明显的痕迹，要用刷子均匀地抹开。

9

在整个脸部涂抹蜜粉会看起来很厚重。所以只在油分比较多的部分，如眉毛、下巴、鼻尖等部位拍上蜜粉就可以了。

Tips

使底妆更服帖的小秘诀：化妆前先敷保湿面膜

想要底妆更服帖，最重要的就是肌肤时刻保持水嫩。如果时间来得及，在上妆前30分钟可以先敷上保湿面膜，就算是面膜上的精华液浓度较低也没有关系，只要每天都坚持补水，就会看到效果。敷完面膜之后，为了防止水分蒸发，还要及时擦上乳霜，在面部形成保湿层，起到长效保湿的作用。

BEST
化妆师推荐的
粉底液

MAKE UP FOR EVER
HD 无瑕粉底液

这款产品能自然地盖住细小的瑕疵，呈现出肌肤的净透质感。

GIORGIO ARMANI
无瑕丝光防晒粉底

这款产品质地非常细腻，可以表现出自然的肤色，是画裸妆的最好选择。

innisfree 矿物保湿粉底液

这款产品可以表现出精华般的水嫩皮肤，遮瑕力很好，价格也合理，是很受欢迎的产品。

LANEIGE 水瓷光粉底液

这是一款保湿度很高，质地很清爽的产品，适用于擦出轻薄的肤质。

水嫩底妆的重点就是大量使用含水量丰富的产品，因此粉底和BB霜都要选择保湿度高的产品。需要注意的是，这款妆容不使用蜜粉，因为水嫩底妆很容易出油，因此不要再使用油性的提亮产品。

如果担心上妆后的效果会比较暗沉，可以将粉底液和高光粉以2∶1的比例混合使用，这样就可以维持水嫩质感。

Skill 2

神奇的滋润
水嫩基础底妆

Tips

水嫩底妆使肌肤看起来Q弹无比，但是刮风的时候头发或灰尘很容易粘到脸上，因此建议完妆后在脸部轮廓按压蜜粉，这样就可以维持水嫩的妆感，即使风再大也不会很尴尬。

☑ **适合这款底妆的肌肤类型**

皮肤干燥，皱纹多，没有质感，想要拥有水嫩Q弹肌肤的人。

1

擦上保湿霜后，涂抹脸部精油，然后搓热双手按压全脸。

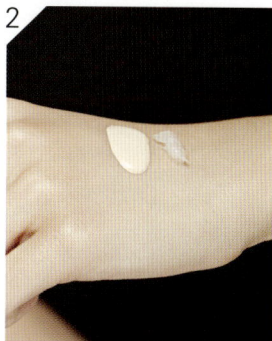

2

粉底液和提亮霜以2:1的比例混合在一起，用拍打的形式涂抹在脸上。

3

在脸部轮廓轻轻刷上蜜粉，以防止头发等粘到脸部。

4

最后距离脸部一定距离喷上喷雾，然后再用手掌按住轻拍，帮助吸收。

光泽感底妆是从肌肤底层散发出来的健康而高贵的润泽度，因为并不是单纯地化妆后使用珍珠产品发光，所以从基础护肤阶段就开始认真做好准备。

　　首先涂抹化妆水、乳液、精华和面霜后轻拍，使肌肤充分吸收，然后涂抹含有精油成分的打底霜来遮盖毛孔，再使用刷子或海绵少量、仔细涂抹含有珠光成分的基础妆产品。粉底液也利用刷子从脸部中央到外侧仔细涂抹。

隐隐闪耀的
光泽感基础底妆

Tips

提亮的步骤很重要

为了突出脸部的
立体感，高光是必须使
用的。在乳胶上滴适量
保湿精油，涂抹在T区
和眼睛下面，或者在鼻
子，颧骨和下巴等突出
部位刷上蜜粉，自然地
表现出光泽感，突出立
体效果。

☑ **适合这款底妆
的肌肤类型**

光泽感底妆是表现立
体感的最佳化妆方
法。适用于皮肤纹
理光滑并且毛孔细
腻的人。

1

擦完化妆水、乳液、精华
液等基础护肤品之后，用
刷子或海绵在全脸薄薄涂
上一层含有珠光成分的粉
底液。

2

根据肌肤的纹路，用刷子
将粉底液从中间向外认真
刷开。

3

用水乳胶擦掉多余的粉
底，然后用手掌包裹脸
部，提高服帖度。

4

在T区或颧骨、下巴等突
出部分扫上蜜粉。

虽然脸上散发宝石般的光泽很吸引人，不过可以掩盖住缺点，能表现出细嫩皮肤的粉嫩底妆才是最适合的妆容。

光泽感底妆能够暴露出来本身肌肤的状态，使脸上的缺点更明显。因此脸部瑕疵比较多的人更适合画遮瑕力很好的粉嫩感底妆。

Skill 4 | 使脸部无瑕的
粉嫩感底妆

Tips

做好基础护肤后再上妆

画粉嫩底妆之前，要先做好去角质工作，因为角质过多会使底妆不服帖，因此要定期认真去角质。画粉嫩底妆不要使用含有精油或珠光成分的产品，这样可以隐藏瑕疵部位。

☑ **适合这款底妆的肌肤类型**

粉嫩底妆具有很好的遮瑕功效，因此脸部有瑕疵或斑点的人最适合这款底妆。

1

完成肌肤护肤后，用海绵整理肌肤表面。

2

涂抹打底霜盖住毛孔。这时不要把产品直接涂在脸上，而是取适量挤在手背上，再少量轻轻擦在脸上。

3

用海绵蘸取粉底液擦拭，海绵可以吸收油脂，减少脸部油腻感。

4

最后在整个脸部轻轻拍打蜜粉。

清纯又可爱的
少女情怀
腮红

掌握两大秘诀，画出完美腮红

腮红不能画得太重，曾经流行的像红苹果一样的腮红，现在已经彻底被抛弃了。现在流行的是画出有层次感的腮红。肌肤泛红的人适合偏紫色的粉色腮红；肤色暗沉的人适合桃红色或橙色系的腮红。

根据皮肤的类型选择腮红

霜状的腮红虽然使皮肤看起来很水嫩，但是对于初学者来说，要画得自然是有一点困难的。而且霜状腮红的遮瑕力也一般，所以皮肤状态不好的人最好还是避免使用。而粉状的腮红只要用刷子轻轻扫上就可以了，失败的概率低，对任何皮肤都适用。

不同的脸型，腮红的画法也不一样

画腮红时要从苹果肌位置开始，向耳朵方向刷，画的时候不要一次填满颜色，而是要轻轻刷2～3次，而且要保证左右两侧的脸颊对称。

如果不小心画得太浓，可以用蜜粉压一下，画完之后要避免分界线太明显，所以还要用手微微推一下。通常是在眼睛的正下方画腮红，以笑的时候会突出的位置为中心，画上圆形腮红。

通常从苹果肌的中间位置，像耳朵方向刷腮红能呈现出脸部的立体轮廓。除此之外，还有很多种腮红的画法和大家分享。

在眼睛正下方，也就是鼻头上方的位置，以笑的时候突出的部位为中心，画出可爱的圆形腮红。

脸颊长的人向外侧画出长形腮红。脸长或者脸颊没有肉的人用含有珠光成分的腮红。因为膨胀的效果可以修饰长脸。

从苹果区的中间开始，向耳朵上刷腮红，这种方式会使脸颊显得立体，上镜效果非常好。

不同种类腮红的使用方法

蜜粉型腮红适合初学者

最简单的蜜粉型腮红适用于初学者。颜色多样，持久力好，能呈现出粉嫩的妆感。用刷子蘸上蜜粉，先在手背上刷一下再轻扫于脸上，可以减少失败率。这种产品的分子很细，多种颜色混合在一起使用可以呈现出很自然的颜色。

1. NARS SEX APPEAL BLUSH

2. eSpoir FABULOUS BLUSH

3. NARS DEEP THROAT BLUSH

霜状腮红呈现出自然色泽

霜状腮红可以展现出自然水嫩的感觉，但是也会突显肌肤的瑕疵，因此如果斑点很多或者肌肤状态不好，一定要谨慎使用这类腮红。除此之外，霜状腮红在色彩调配上，对于初学者来说比较困难，一般的使用方法是用海绵蘸取腮红，轻轻擦拭在苹果肌的位置。

BOBBI BROWN POT ROUGE FOR LIP AND CHEEKS

口红型腮红，操作难度较高

口红型腮红在使用上很方便，不容易花掉，颜色也很自然，但是操作难度较高。使用时要用中指或示指，通过手的温度可以使颜色更自然，但是一次不能涂得太多，要反复慢慢地擦，这样才能使颜色更加自然。

ESTEE LAUDER TENDOR BLUSHER SHEER STICK

Tips

选择腮红时需注意

一般购买腮红时会在手背上确认颜色。腮红是画完底妆才会用到的产品，所以需要先在手背涂抹粉底液之后再擦腮红，这样才能选出最准的颜色，否则颜色不对，会使毛孔看上去更明显。

少女风格的
浪漫粉色

　　白皙的肌肤涂抹粉色腮红可以突显可爱的一面。在颧骨附近画出圆形腮红具有减龄的效果。需要注意的是，不能涂得太圆，也不能画出明显的分界线，否则会显得很生硬。

与粉状的腮红相比，霜状的产品更加强调自然而可爱的感觉。

Peach

桃红色腮红
体现成熟的魅力

　　桃红色最适合东方人。这种颜色位于粉色和橙色之间，和任何颜色的肌肤都能自然搭配，并且可以很可爱，也能散发出成熟美，也是初学者最容易上手的颜色。

　　要在苹果区稍微向下的位置刷腮红，这样笑起来就会散发出迷人的成熟魅力。

Orange

健康迷人的
橙色腮红妆

橙色给人以清爽而温暖的感觉。涂抹在在暗沉的肌肤上可以显得很性感。因为这个颜色具有加深印象的效果，所以明星在拍照的时候，往往会使用这个颜色。只要用色稍微重一些，就可以演绎出优雅而高贵的气质。

以颧骨为中心向耳侧大面积扫腮红，表现出迷人的成熟魅力。

BEST 推荐腮红产品

MAC 腮红

MAC 腮红粉末少、质感轻。化妆时能完美呈现出腮红的颜色。

TONY MOLY CRISTAL BLUSHER

介于粉状和霜状之间的腮红，湿润而柔和。

eSpoir CREAM PAN FOR LIP & CHEEK

最适合东方人的颜色，容易涂抹，质地滋润，最适合在干燥的冬天使用，不仅能当腮红，也能当唇膏。

benefit dandelion

这款产品分子细腻，吸收力也很好，可以演绎出可爱的粉色腮红妆。

这样画出来的
眼妆
最迷人

眼影颜色可以决定化妆色调

眼影要均匀滴涂抹在眼窝处才会显得自然，因此用量一定不要过多。涂抹眼影前先涂抹基础底色，然后在瞳孔部位（眼中央最突出的部位）涂抹亮色。除此之外，眼影的颜色一定要慎重选择，特别是单眼皮的人，如果选择了不适合的颜色，眼睛会看起来肿肿的。

眼影颜色	适用时机
珊瑚色、杏色和深褐色	可以掩饰水肿的眼睛
杏色和黄色混合	呈现华丽的性感眼妆
添加亮粉的紫色和褐色	混合使用可以突显沉稳的气质

How To

1.闭上眼睛，从眼球的部位向眼尾涂抹深色眼影，为眼睛打上阴影。

2.眼皮中间的眼球部位涂抹比基础眼影亮一点的颜色，这样可以使眼睛更加华丽。

3.用比基础颜色暗一点的颜色顺着眼形画眼影。

4.从眼角向眼尾方向涂抹眼影，使层次更加自然，但是要避免亮色和暗色出现分界线。

不同质地的眼影带来完全不同的感觉

服帖度较高的霜状眼影

霜状眼影比起其他类型的眼影质地更细腻，服帖度也很高，直接用手涂抹即可，使用起来很方便，但是在双眼皮的界限处要尽量涂得薄一些。

benefit creaseless cream shadow

服帖但是显色度较差的烧焦眼影

正如同它的名字一般，这款是烤过之后的眼影，因为把粉末压缩了，所以粉屑会很少，因此服帖度很高，缺点就是显色度略差。

VDL Festival Mineral Eyes Love Mark

功能广泛又实用的混合型眼影

因为含有珠光成分，所以使用范围很广，除了可以当做眼影使用之外，还可以用于唇妆、底妆等。

1. eSpoir PEARL PIGMENT

2. CLIO DIAMOND PEARL POWDER

具有滋润效果的粉饼型眼影

把粉末压缩成粉饼的眼影，比烧焦眼影更滋润，而且粉屑比粉状眼影少。

shu uemura pressed eye shadow

BEST
化妆师推荐的眼影

MAC 和 BOBBI BROWN

粉末少，颜色好看，最大的
优点就是颜色多样。

Christian Dior

从基础颜色到修饰色全部具备，
又容易上色并且显色度很好，携
带方便。

Shiseido 和 Burberry

这两款眼影产品分子小，
不油腻，非常实用。

NARS

颜色的选择很多，无论是想表现出自
然感还是表现出夸张效果，都能满
足，是使用范围很广的产品。

眼线，
呈现深邃
双眸

画出完美眼线的小秘诀

大部分人在画眼线的时候都会遇到两个问题，第一个是选择什么样的颜色，完美的眼线可以使眼睛看起来更深邃，因此颜色太深或者太浅都不好。第二个困扰大家的问题是晕妆，经常很认真地化好妆，2～3个小时后眼睛下面黑了一大片！其实这些问题都能解决，只要掌握正确的化妆方法，就可以画出完美的眼线，以下分享4个小秘诀。

Point1 画眼线前先涂抹霜状眼影

眼线晕妆是因为脸上有油脂，所以化妆前要先去除眼角油脂，维持皮肤的水嫩状态。在画眼线之前先涂抹霜状眼影，然后细碎地画出眼线。画完眼线后再涂抹相同颜色的眼影，最后再画一次眼线，这样就可以避免晕妆。

除此之外，眼线液和眼线膏一起用也可以防止晕妆，互相弥补缺点。但是这样做眼线会很快干掉，对于初学者来说，需要多多练习。

Point2 填补睫毛的空隙

很多人认为眼线只是简单地画一条直线，但是维持平衡感对于初学者来说并不容易，经常会画歪。其实画眼线的时候，只要把睫毛间的空隙填满就可以，从眼睛中间开始向两侧画，这样就不会画歪了。

Point3 先在眼睛上画出框框，再画眼线

涂完眼影后，可以先画出眼线框框，方法是目测前方，睁开双眼，顺着眼皮中前、中、后画出框框，然后再尽可能薄地用眼线笔填满睫毛间隙。

Point4 根据眼皮调整粗细

画眼线时要根据眼皮调整粗细，眼皮较厚的人眼线也要画得厚一些；眼皮薄的人眼线也要画得薄一些。想要画出又长又尖的眼型，上眼线可以选择深褐色或黑色，下眼线则用灰褐色或淡褐色。

1 2
3 4

1.用眼线笔先描画出眼形。

2.容易晕妆的眼角部位（眼睛的1/3处）用防水眼线液再画一层。

3.用小刷子蘸取和眼线笔相同的颜色，轻轻盖住眼线，这样除了可以提亮外，还可以防止晕妆。

4.油脂多的人可以在下眼线薄薄涂抹一层眼影，防止晕妆。

根据眼形画眼线

眼线可以完全改变一个人的整体印象，眼角上翘或者眼尾下垂都不用担心，因为眼线都可以弥补这些问题。

眼尾上翘或者下垂：向反方向描画

眼尾上翘的人，用眼线填补睫毛中间，然后眼角稍微往下画即可。这时下眼线用白色或者含有珠光成分的粉色，使眼妆更加自然。

眼尾下垂的人，用眼线液或者眼线膏填补睫毛间隙，然后眼角微微向上画。从眼下线1/3处一直画到连接上眼线的部分，并且填满空白处，这样可以矫正眼尾下垂的问题。

单眼皮更适合粗眼线

单眼皮并且眼睛小的人更适合粗眼线。睁开眼睛点出想要画眼线的前，后，中间三点，用眼线液或者眼线膏填满整体部位。中间部位比前后画得浓一些，结尾部位稍微上翘可显得眼睛大一些。

单眼皮的人适合像Brown Eyed Girls的佳人一样的粗眼线。

善良而乖巧的
无辜眼妆 Tecnic 1

最近流行的是眼线微微下垂，这种眼线会令你看起来很无辜，散发出清纯又善良的感觉。如果你是看起来比较强硬的人，可以通过这种眼线改变印象。

这种眼线的画法不需要特别的技术，只需填补睫毛间隙之后，在眼尾向下画就可以了。这时要注意的是眼线不能画得太厚。

拉长眼线
性感猫眼妆 Tecnic 2

想要画出性感的猫眼妆，只要把眼尾的眼线向猫眼一样向上翘就可以。需要注意的是眼线不是在眼尾向上翘，而是从接近眼尾的位置就开始往上画，眼线的长度画到与眼皮同高就可以了。

如果是单眼皮，想要眼睛看起来比较圆，需要把上眼线和下眼线稍微连起来。可以用黑色眼影在眼角下方0.5～1厘米处连接上、下眼线。

基本眼线

① ②

①稍微留出眼角部分不画，下眼线部分用眼线笔以填补的方式画出。

②用褐色眼影打出阴影就会显得眼睛大而有神。

干净、利落的眼线

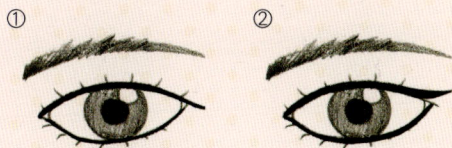

① ②

①根绝眼形用填满睫毛间隙的方式画出细细的眼线。

②睁开眼睛，从眼角水平方向拉长，可以表现出明亮而轻快的形象。

性感猫眼线

① ②

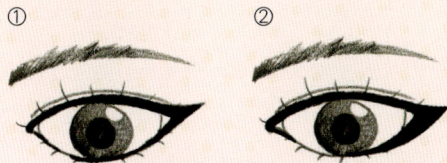

①眼尾像猫一样向上画。双眼皮的人画到与双眼皮同高即可。

②想拥有更加强烈感觉的双眸，眼尾向外拉长一点，与下眼线连接呈三角形，再用眼线笔填满。

强调下眼线

① ② ③

①只强调下眼线的话，可以演绎出与平时不同的气质。首先把下眼线一直画到眼尾。如果眼尾往上翘，眼尾要画得厚一些。

②把眼尾部分画出长长的三角形。

③画完下眼线后，用深色眼影再画一层，起到扩张的作用，这样能使眼神变得更加深邃。

强调眼尾

① ② ③

①强调眼尾除了可以修饰双眼，还可以增添精明的印象。首先根据眼形画出眼线，然后用眼影强调眼尾，这样能表现出隐约的眼神。

②拉长眼尾，连接到下眼线，填补空隙处，表现出利落感。

③分开描画上眼线和下眼线，在空白处涂抹眼影，表现出独特的蕴味。

改善单眼皮的眼线

①　　　　②　　　　③

①单眼皮使眼睛看起来比较小，所以需要用眼线来修饰。根据眼形画好眼线，在眼尾处涂抹褐色眼影。

②涂抹眼影后，再次画上下眼线，这样可以增加眼睛的明亮度。

③眼影和眼线的幅度更加宽一些，放大双眼。

改善下垂眼的眼线

①　　　　②

①下垂眼睛的主要画法是把眼尾微微上翘。眼睛下边用棕色眼影代替眼线。

②为了完全盖住下垂的眼尾，眼睛下面的眼线画到眼睛高处，和眼睛保持水平，然后填满眼尾的空白处，如果感觉眼线笔不好画，可以用眼影代替。

挑选最适合的眼线

眼线笔：画出自然感

携带方便、质感柔和，可以画出最自然的层次感。但是持久力弱，容易晕妆。

1.2. MAC EYE KOHL
3. LANEIGE MULTI SHAPING EYELINER- WATERPROOF

眼线液：持久力较强的

液体形态的眼线持久力强，而且不易晕妆，但是自然度比眼线笔差，而且初学者不容易掌握。

1. eSpoir LIQUID EYELINER
2.3. MAC SUPERSLICK LIQUID EYE LINER

1. NARS EYELINER STYLO
2. LANEIGE NATURAL Eyeliner
3. eSpoir BRUSH EYELINER

软笔头眼线笔：适合初学者

这类眼线笔结合了笔状和液状眼线笔的优点，持久力好又容易上手，最适合初学者使用，但是使用时往往会画得比较厚，呈现出不自然的感觉。

眼线膏：化妆师的最爱

眼线膏是化妆师们的最爱，虽然容易晕妆，但是可以起到放大双眼的效果。使用时一定要搭配眼线刷，这样才能呈现出自然的层次感。

1. eSpoir gel eyeliner
2. MAC FLUID EYELINER GEL
3. THE FACE SHOP FACE IT ALL ABOUT GEL EYELINER

随意调配颜色浓度：粉饼型眼影

这是质感和粉饼很像的一款眼影，涂抹时要用刷子蘸一点水。虽然可以随意调配颜色和浓度，但是对于初学者来说有些难度，因为当粉末掉下来的时候，一不小心就会像流出黑色眼泪一样，毁了整体妆容。

BOBBI BROWN Kohl
Cake Liner

BEST 化妆师推荐的眼线

崔绣熙 said

BOBBI BROWN 流云眼线膏

这款眼线膏不会不晕妆，比眼线液所呈现的效果更加自然，而且有很多颜色可以选择。缺点是和其他品牌相比，比较容易结块。

TONY MOLY PRESTIGE SUPER-PROOF EYELINER

性价比较高的眼线液，可以画出洁净而鲜明的眼妆。

惠珍 said

ETUDE HOUSE PROOF 10 LIQUID LINER

实用性很高的产品，可以轻松画出明亮的眼线。

Like no make-up

打造轻薄质感的
仿素颜眼妆

塑造天生丽质的心机妆

　　很多艺人会被拍到一些素颜的照片，其实只要仔细看就会发现，他们还是画了一些淡淡的眼妆。既不想让别人看出自己化了妆，又想气色好的话，就最适合这种仿佛素颜的妆效。

　　只要在睫毛空隙处细碎地描画眼线就可以，这样简单的描画就可以放大双眼，让人以为你是素颜！

Light & shine

让眼睛水汪汪的
自然大眼妆

像漫画女主角一样拥有水汪汪的大眼睛

　　想要获得水汪汪的大眼效果，可以先涂抹底色眼影，制造出阴影，然后根据眼形描画眼线，只需要填补睫毛间隙就可以。下眼线要画得尽量细，这样就能呈现出水汪汪的大眼效果。

White Shadow

无辜感倍增的
卧蚕眼妆

利用白色眼影画出假卧蚕

在眼眉处涂抹白色眼影可以获得减龄的效果。眼皮也涂抹一层薄薄的白色眼影，会显得眼睛更加明亮。不过千万不能画得太重，否则会使眼睛看起来肿肿的，所以只需要沿着眼睛轮廓薄薄地涂抹一层就好。

Deep & Dark

充满女强人气息的
深邃眼妆

深邃的眼神！

　　深色眼妆可以表现出深邃的眼神。亮颜色眼影和暗颜色眼影混合使用，除了表现知性气质，还会给人精明干练的感觉。涂抹完眼影之后，再用深一个颜色的眼影涂抹在眼尾和下眼线处。如果使用了眼线膏，画完眼线后，可以再次涂抹眼影，最后再画一次眼线，这样可以防止晕妆。

画出卷翘
迷人的
睫毛

刷睫毛前先夹翘睫毛

大家都很喜欢漫画中女主角那卷翘又纤长的睫毛，美丽的睫毛可以使眼睛更加迷人，所以完美眼妆的技巧就是纤长而卷翘的睫毛。

睫毛夹是好帮手

单纯使用睫毛膏是不够的，必须配合使用睫毛夹。就算不画眼影和眼线，上翘的睫毛也会使眼睛看起来大1.5倍，而且使用睫毛夹还可以防止睫毛膏晕妆。

选择橡胶弹性好的睫毛夹

睫毛夹是打造卷翘睫毛的必要道具，选择睫毛夹时要确认橡胶弹性。用无名指夹在睫毛夹中间，橡胶有紧绷绷的感觉便是好的。如果橡胶凹进去或者手指上有夹子的痕迹，那就不是好的睫毛夹。

来回夹3～4次，使睫毛呈C字形

从侧面看的时候如果睫毛呈C字形是最理想的。镜子放在下面，眼睛睁到最大向下看，利用手腕的力量从睫毛根部开始夹。无论多短的睫毛，只要夹上3～4次就可以加出最理想的C字形。

🖌 分段刷出卷翘的睫毛

夹翘睫毛后，就要刷睫毛膏了。睫毛膏刷一次是不会达到卷翘的效果的，通常要刷2～3次，按照睫毛根部—整体—尖端的顺序刷。首先刷睫毛根部，然后等待2～3秒再刷整体，再过2～3秒刷睫毛尖端。

睫毛膏不要蘸太多

将蘸有睫毛膏的刷子在空气中挥动1～2下，使它稍微干燥后再使用，这样可以减轻厚重感。刷的时候要从下到上，而且睫毛尖端不能刷得太多。

刷睫毛膏前先刷睫毛营养液

如果担心睫毛会脱落，可以在刷睫毛膏之前先用睫毛营养液进行护理，睫毛营养液不仅可以使睫毛看起来更纤长，还会增加浓密感。如果担心睫毛会粘在一起，使用前可以现在纸巾上刷一下。

1. SONATURAL 睫毛精华
2. ETUDE HPOUSE Dr. Lash Ampule

▣ 利用棉棒调整睫毛的卷翘度

通常在画完睫毛后，都会用棉棒调整睫毛的卷翘度，需要准备打火机、木质棉棒或牙签。

先用睫毛夹夹卷睫毛，刷上睫毛膏，然后用打火机加热棉棒或者牙签的木质一端，从睫毛根部向上刷。利用加热后的推力，调整出你想要的卷翘度。

Tips

睫毛会刺到眼睛的人，可以选择烫睫毛！

有些人的睫毛会刺到眼睛，即使使用睫毛夹也没有用，严重的时候会影响生活。这样的情况下可以选择烫睫毛，这样不仅容易上妆，也不会对生活造成困扰。

How To

1. 使用睫毛夹从睫毛根部循环夹住。不要拽睫毛夹，而是用腕力和睫毛夹的张力夹2～3次。

2. 用基本款睫毛膏涂抹睫毛根部，使其不要垂下来并加以固定。

3. 睫毛根部仔细涂抹睫毛膏。中间部位只需要轻轻碰到，睫毛尖不要刷太多。

4. 用木质棉棒整理睫毛，并固定睫毛根部。

1 2
3 4

🖌 根据睫毛类型选择睫毛膏

睫毛量少：浓密型睫毛膏

这类产品具有很高的黏性，所以适用于睫毛量少的人。优点是睫毛膏的刷子比较长，缺点是容易粘黏。

1. eSpoir MAXI WIDE VOLUME MASCARA

2. THE FACE SHOP Slim Volume Mascara

3. NARS MASCARA

睫毛短：纤长型睫毛膏

为睫毛量多，但是不够长的人群而定制的睫毛膏。睫毛膏里面含有能够加长睫毛的成分。

1. LANEIGE 魔力纤长睫毛膏

2. LINIQUE lash power lengthening mascara

3. CHRISTIAN DIOR DIOR SHOW NEW LOOK

睫毛直：卷翘型睫毛膏

这款睫毛膏具有放大眼睛的效果，适合睫毛直或者眼睛小的人使用。

1. LANEIGE High Perm Curling mascara

2. VDL eye balm mascara

全睫毛适用：打底型睫毛膏

这是涂抹睫毛膏之前要使用的打底型产品，它可以增强睫毛膏的效果，还可以维持睫毛的卷翘度。

SHISEIDO PRESTIGE THE MAKE UP MASCARA BASE

画完睫毛后定型：透明睫毛膏

这是刷完睫毛膏后，在加强效果或整理睫毛时要使用的胶状睫毛膏。如果你不喜欢刷睫毛膏，又想使眼妆看起来很明亮，就可以直接涂抹这款睫毛膏，它可以使睫毛看起来根根分明，达到明亮双眼的效果。

1. skin food allatoin 透明睫毛膏
2. HERA DUAL FIX MASCARA

五位化妆师告诉你

BEST 化妆师推荐的睫毛膏

CLINIQUE LASH POWER CURLING MASCARA

刷头细而小，可以刷出根根分明的睫毛，而且卷翘度也很好。除此之外，这款睫毛膏只有在温水中才能卸除，所以不用担心晕妆的困扰。

SHU UEMURA ULTIMATE EXPRESSION MASCARA

这是不使用睫毛夹也能充分表现出卷翘度的睫毛膏，具有超强的防水功能，因此绝对不会晕妆。

假睫毛，
放大双眼的
秘密武器

根据眼睛和睫毛的形态选择人造睫毛

　　如果你的睫毛稀稀少，又比较短，就可以使用假睫毛进行修饰。如果将整片假睫毛都粘贴上，会显得非常不自然，所以最好剪出几段，局部贴上，而且要自然地贴在睫毛根部。越接近眼尾的部分，越要选择纤长的假睫毛，这样才会更加突显眼睛的魅力。

不同眼形粘贴假睫毛的方法	
下垂眼	眼尾的眼线向上翘，沿着眼线比原本睫毛高一些的位置粘贴假睫毛
眼尾上翘	先画出向下弯的眼线，然后再粘贴假睫毛
单眼皮	先画出厚眼线，然后贴上假睫毛。还可以在下眼线中间的位置贴上3束假睫毛，这样能使眼睛看起来更大

①最基础的假睫毛，根据睫毛数量多少、长度选择适合自己的。

②这款假睫毛最适合表现可爱的形象。

③这是看起来最自然的假睫毛，因为毛很短，所以和本身睫毛的融合度很高，是最常用的款式。

④这款假睫毛又密又黑，适合画烟熏妆的时候使用。

⑤这款假睫毛无论从量上还是长度上看起来都很不自然，最适合搭配夸张的妆容。

1 2
5 6

3 4
7 8

1.首先夹卷睫毛，先用睫毛夹夹住睫毛根部，再夹睫毛中部，使睫毛弯度更明显。

2.把假睫毛靠近眼睛进行对比，确定长度，然后剪掉假睫毛的头和尾，再分成所需的几等分。建议剪成4段以上，这样粘贴更显自然。

3.将假睫毛胶挤在盒子上，用镊子夹着假睫毛蘸取，等待20秒再粘贴。如果蘸取了过量的夹睫毛胶，一定要稍微去掉一些。

4.利用镊子将假睫毛顺着眼线粘贴上。粘贴的时候眼睛要微微向下看，按眼尾—眼中间—眼角的顺序粘贴。把镜子放在下面，以45角度俯视，这样可以一边粘贴，一边确定粘贴的效果。

5.粘贴下睫毛时，只在眼睛中间粘贴3束假睫毛即可。

6.假睫毛粘贴好之后，闭上眼睛等30～60秒，再把睫毛中间的空隙用眼线笔盖住，这样可以遮掩真假睫毛中间的微小差异。

7.为了使真假睫毛看起来更自然，可以刷上透明睫毛膏。

8.最后刷上睫毛膏，增强睫毛的浓密效果。

画出魅力眼妆的秘诀

东方人的眼睛比较突出，所以最好同时画出上眼线和下眼线，这样可以使眼睛看起来更深邃。要以填补睫毛空隙的方式画眼线，这样眼睛看起来更加有神。

不要用睫毛夹使劲从睫毛根部向上夹，而是要用向下压的方式夹翘。刷涂睫毛膏的时候不要来回刷，而是要从下往上刷，最后还要记得刷睫毛尾端。

为了突显眼睛的明亮度，可以把睫毛分成三等分夹卷翘，然后画上眼线，拉长眼尾。这种方法不仅可以遮盖下垂眼，还会给人留下深刻的印象。

我认为夹睫毛是眼妆描画中最重要的步骤，因为只要眼睫毛又纤长又卷翘，即使素颜也很美，只要稍微擦伤唇膏就可以出门了。

眼线特别重要。因为眼线可以根据眼尾的变化，表现出不同的形象。

Tips

可以长出健康睫毛的生活习惯

贴上假睫毛可以使眼睛看起来更美丽，但是因为假睫毛胶是直接粘在皮肤上，多多少少会对皮肤造成伤害，所以平时要做好睫毛的护理工作，最大程度减少对眼睛的伤害。

日常要多喝水，还要吃一些对毛发有益的食物，比如大豆和豆腐，均匀摄取蛋白质、氨基酸、B族维生素等营养元素。除此之外，卸眼妆时，要用棉棒和海绵蘸取眼部专用卸妆油，上下来回轻轻擦拭，这样才不会造成眼部负担。

画出
利落感的
眉毛

眉毛匹配头发和瞳孔的颜色

头发染色，眉毛却没有什么变化，看起来是不是有点奇怪。如果眉毛颜色和头发颜色差距太大，会给人很不自然的感觉。所以两部分的颜色要尽量保持一致，这样就能呈现出干练的气质。

眉毛染色要找专业门店

眉毛与眼睛相近，也近乎贴近肌肤，所以染色时一不小心，很容易伤到肌肤。所以最好找专业门店染色。如果要自己染色，一定要确定所购买的染色膏可以卸掉，并且在染色之前一定要做肌肤测试。在选择颜色的时候，建议选择与头发一样的颜色，卡其色和浅棕色是最不会出错的颜色。

根据脸型改变眉形

圆脸：适合粗眉毛

圆脸搭配细眉会使脸看起来更圆，所以要把眉毛画得粗一些。眉尾要比眉头高一些，弯度不大的拱形眉毛会显得脸长。

长脸：适合一字眉

长脸如果没有重点会给人留下很平淡的印象，而且看起来比较老气。一字形眉毛可以弥补长脸的缺点，还会有童颜效果。眉头和结尾画得深一些，这样看起来会比较年轻。

国字脸：适合自然的拱形眉

有棱角的国字脸最适合拱形眉或柳叶眉，这种比较弯的眉形可以使脸部看起来更加柔和。眉毛整体要画得饱满一些，千万不要画没有弯度的一字眉，因为一字眉会使四角下巴显得更加突出。

倒三角脸：适合曲线眉

尖尖的倒三角形脸更适合画得稍微厚一些的弯眉。用柔和的曲线强调脸部平衡感，也可以分散聚集在下巴处的注意力，只要从眉头开始画出自然弯度即可。

不同眉形表现出来的不同感觉

自然眉毛

几乎不改变自身的眉形，只涂上颜色即可。

一字眉毛

没有眉峰也没有弯度的一字眉，可以给人善良的印象。

粗眉

这是眉毛宽度大、长度短的眉形，具有减龄的效果。

鸡蛋脸

无需改变自身眉形，只画上颜色即可。

倒三角形脸型

画出柔和的弯眉，可以避免视线集中在下巴处。这种脸型一定不能画一字眉，否则会有反效果。

长脸形

平平的一字眉毛会显得脸短。这种脸型的人不适合画出眉峰。

圆形脸

圆脸适合稍微画出眉峰，但是如果画得太弯或画成一字眉，就会使脸看起来更圆。

国字脸

拱形或者柳叶眉使脸部线条更加温柔。没有弯度的眉毛或一字眉会使下巴的棱角更明显。

轻松画出完美的眉毛

画眉毛其实很简单，只要先画出轮廓，再以填补的方式上色，就能轻松画出漂亮的眉毛。

画眉前先除掉杂毛

画眉前一定要先整理杂毛，首先确定自己的眉形，除掉多余的杂毛，这样就可以使眉形更清晰。用眉刷稍微整理后，拔掉翘起来的眉毛。如果担心伤害到皮肤，可以到专业美容店拔毛。

强调自然的效果是关键

首先在眉毛下方涂抹粉底液进行打底，然后用眉刷蘸取眉粉，在手背或者纸巾上调节用量，最后根据眉毛的纹理涂抹。

眉头颜色如果太深看起来会很不自然，因此要从眉毛中间画到尾部，再将剩余的眉粉涂抹眉头。如果还是感觉颜色太深，可以用手轻微地整理。

然后用眉笔填充眉毛间空缺的地方，两侧的眉毛无论是浓度还是形状都要尽可能左右对称。特别需要注意的是，如果使用染眉膏，不要选用比自身眉毛颜色深或者淡两个色调以上的颜色，否则看起来会很不协调。

1. NARS eyebrow pencil
2. THE FACE SHOP LOVELY MIX STYLE EYEBROW

1. 用眉笔上的刷头梳理眉毛，眉头向上梳，眉中到眉尾向下梳。

2. 整理好之后如果还有翘起来的眉毛，可以用剪刀剪掉。

3. 尽可能维持本身的眉形，只整理眼窝部位的杂毛即可。不要使用镊子拔毛，因为长时间使用镊子拔毛会导致皮肤失去弹力。

4. 用眉粉填充眉毛空隙，使用斜形眉刷蘸取深褐色眉粉涂抹。先在手背或者纸巾上调整用量后，再从眉毛中间部位开始涂抹。

5. 用剩余的眉粉填充眉头。眉头颜色深的话，用指尖或者棉棒微微擦拭。

6. 用眉笔盖住眉毛中间的缝隙，从眉头画向眉尾，上下多画2毫米的宽度。眉峰尽可能画得低一些，眉尾维持相同的宽度，稍微有一些弯度就可以。

7. 用染眉膏根据眉毛纹路确定眉毛的形状。

8. 最后将眉毛向上梳，这样就能使脸看起来更小。

唇妆，
完美妆容的
点睛之笔

每日护理，防止嘴唇肌肤老化

特别干燥、充满角质的嘴唇即使涂了口红也不会漂亮，所以日常护理非常重要。有两个生活习惯一定要戒除，第一个就是不要经常舔嘴唇，因为舔嘴唇时，唾液会吸走嘴唇表面的水分，进而使双唇更加干燥，这是引发嘴唇问题的最常见原因。第二个就是不能用力擦拭嘴唇，因为嘴唇和脸部皮肤一样，不能受到刺激或者用手触碰，大力擦拭嘴唇，容易促进皱纹的产生。因此擦拭的时候动作一定要轻柔。

嘴唇也是肌肤，要好好保护

很多人只重视肌肤保养，却忽略了对嘴唇的保护。化妆后，口红会残留在嘴唇上，如果没能卸除干净，就会使嘴唇失去原本的颜色，甚至造成肌肤老化。为了避免这样的问题，现在就开始注意保护双唇吧。

选用嘴唇专用卸妆液

敏感的嘴唇必须用专业卸妆液，这样才能把口红卸除干净。如果只是用纸巾用力擦拭或者用洗面奶清洗，反而会导致双唇肌肤老化。

用棉棒蘸取唇部专用卸妆液擦拭嘴唇纹路间的缝隙，彻底卸除唇妆。

嘴唇的基础护理方式

首先用化妆棉蘸取唇部专用卸妆液，仔细擦拭嘴唇周围的肌肤，然后再用棉棒蘸取擦拭嘴唇纹路间的缝隙。如果双唇的角质很厚，甚至开始脱皮，要先用温热的毛巾轻轻敷一会，然后涂抹精华液进行保养。

和日常肌肤护理一样，嘴唇也需要每天涂抹防晒霜加以保护。如果没有时间护理，也一定要涂抹含有保湿成分的润唇膏，防止唇部肌肤老化。

嘴唇的护理方式	
1	用中指或无名指蘸取精华液轻轻按摩，每周敷一次保湿面膜
2	在嘴唇上涂抹温热的蜂蜜，敷上保鲜膜20分钟，再用温热的毛巾擦拭，这样能使双唇更柔嫩

根据衣着来挑选口红的颜色

口红在整体妆容中起到画龙点睛的作用，但是比起对眼影颜色的选择，大家更容易忽视口红的颜色。

口红的颜色能够左右我们的形象，可以根据衣服和鞋子的颜色挑选，这样可以使妆容更加迷人。

选对颜色和工具，画出完美唇妆

口红是整体妆容的最后阶段，因此要特别注意颜色的选择。皮肤白皙的人适合涂抹粉色唇彩；肤色暗沉的人适合红色、裸色或者褐色系列的产品来表现出高贵的感觉。

不同的道具表现不同的质感

使用不同的化妆工具能够使唇彩呈现出不同的质感。用手指轻轻点图唇彩可以表现出自然之感；用海绵唇刷从两侧向内刷，吸收油分，增添亚光质感。除此之外，如果想要使嘴唇看起来水嫩光泽，可以用唇刷涂抹唇彩。

尽量不要画唇线

画出的唇线与自身唇线相吻合或者稍大一圈会显老。如果一定要画，也要画在唇部的内侧。其实画唇妆时，只要自然地涂抹口红就可以了。用唇刷蘸取唇彩，涂抹在唇部内侧，再慢慢向外画，这样就会表现出唇妆的层次感。

将不同的颜色混合在一起，创造新颜色

口红的颜色往往一段时间后就不流行了，为了避免浪费，可以将不同颜色的口红混合在一起，这样可以创造出新的颜色，说不定会找到更适合自己肤色的颜色。如果唇膏颜色太深，可以先将嘴唇充分保湿，擦上BB霜后再画唇彩。

根据肤色选择颜色

　　画了一个完美的妆容，但是如果选错口红的颜色，整体妆容就会前功尽弃。因为错误的口红颜色会显得肤色暗淡，甚至看起来很俗气。相反，选择了适合肤色的颜色，会提升整体妆容的质感。

白皙肌肤——亮丽的粉色

　　肌肤白皙的人对口红的颜色有多重选择，无论是什么颜色都很适合。如果肤色透亮，选择亮丽的粉色系列口红会更显年轻。

黄色皮肤——黄色或粉色

　　黄色皮肤的人最好不要涂抹含有珠光成分的口红，选择橙色或者裸色会比较安全。也要避免选择会显得俗气的红色系列。

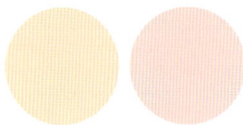

红润皮肤——除红色以外的任何色系

　　肌肤红润的人不适合涂抹红色系的口红，否则会使脸看起来红彤彤的，反而失去了原有的气色。可以选择橙色或裸色。

暗沉皮肤——裸色系

皮肤暗沉的人可以选择比肤色亮一个色调的颜色，比如驼色系或裸色系，含有珠光成分的唇膏可以提亮肤色。桃红色或者橙色是强烈的颜色，要尽量避免使用。

偏黑皮肤——粉红或橙色

肌肤偏黑的人选择粉红色或者橙色可以使脸部看起来更加活泼而有朝气。

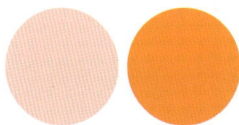

1 2
3 4

1.在嘴唇上涂抹粉底液，轻轻拍打使其吸收，这样能盖住原本的纯色。

2.用唇刷从嘴唇内侧慢慢向外涂抹唇彩。

3.再次涂上适合自己的唇彩，但是要多次涂抹，唇部中间要重点来回多涂几次。

4.最后涂上透明唇膏，稍微超过唇线边缘。

效果非凡的唇部产品

唇部产品基本款：口红

口红是给嘴唇上色最基本的产品，它不仅能给人留下深刻的印象，而且不同质感和颜色还能表现出不同的感觉。

Estee Lauder New Pure Color
Vivid Shine Lipstick

表现性感的最佳产品：唇蜜

涂上口红之后再涂一层唇蜜，更加突显性感的一面。如果喜欢自然的感觉，也可以单独使用唇彩。

1. eSpoir Lip Tube
2. THE FACE SHOP LOVELY ME VOLUME MY LIPS
3. COSME DECORTE AQMW ROSE BALM

让唇彩更闪亮：唇露

只涂抹一点点唇露，唇色就会很闪亮。涂抹唇露时，可以先涂抹保湿唇膏，然后再涂抹唇露，需要注意的是，唇露不能涂满整个嘴唇，只涂在中间部位，然后用棉棒擦拭均匀就可以了。

1. benefit benetint（玫瑰色）
2. benefit posietint（粉色）
3. benefit chachatint（樱桃芒果色）

BEST 推荐嘴唇产品

崔琇景 said

MAC时尚专业唇膏、SHU UEMURA PK344

MAC时尚专业唇膏适合烟熏妆，而SHU UEMURA PK344可以表现出可爱的感觉。

惠珍 said

NARS

NARS的口红可以维持一整天的滋润，而且颜色的种类很多。

晶美 said

MAC 和MAKE UP FOR EVER

MAC的颜色种类很多，特别是MAC HUE的裸色系，因为含有粉色系，所以虽然不是裸色却也很适合搭配亮丽的眼妆。

MAKE UP FOR EVER的21号也是强烈推荐的产品，这是一款可爱又自然的颜色。

尚民 said

Dior

化妆包里只要准备深色和裸色两款口红，就算突然要出席重要的场合，也不用担心口红的颜色和衣服不搭。

Skill 1

充满立体感的渐层水润唇妆

想要表现出自然感的双唇，并不需要特别的技巧，只用手轻轻点涂就可以了，但是不要画出明显的界限，这是呈现自然感的关键。

1

在嘴唇中间涂抹口红或唇露。

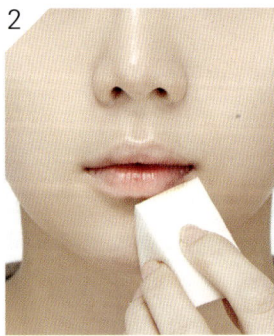

2

用粉底液或遮瑕膏完全盖住唇线，再用手指轻轻点涂唇线内侧的口红。

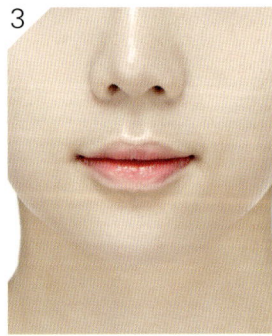

3

用嘴唇微微含住纸巾，去除唇部的油脂，这样就轻松完成渐层水润唇妆了。

丰厚而润泽
的性感双唇妆

性感饱满的双唇会让人产生想要亲吻的冲动。怎样才能达到这样的效果呢？其实只利用唇彩的质感和光泽就可以迅速提升饱满度。

1

用粉底液盖住唇线后涂抹适合自己的颜色。

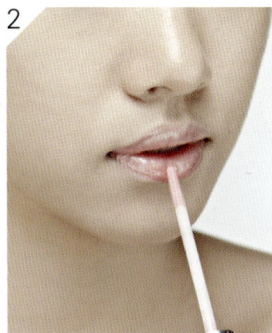

2

在嘴唇中间大量涂抹唇蜜，并向两侧推开。

3

嘴唇中间再次涂抹唇彩，增加双唇饱满度。

冷艳高傲的
时尚干唇妆

这是体现苍白感的唇妆，看起来缺少生气。首先用底妆盖住原本的唇色，再涂上淡淡的唇彩，隐约的色泽强调冷艳高傲的个性。

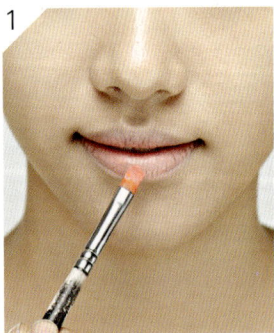

1

用粉底或者遮瑕膏盖住唇色后，涂上保湿型的唇膏。

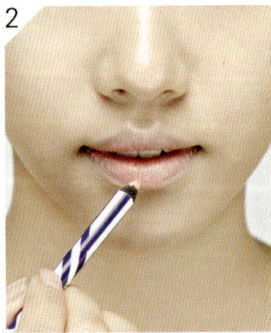

2

选择颜色稍淡的口红或唇蜜填满唇线以内的部分。

3

最后涂抹和口红同一色系的眼影膏。

化妆时最需要注意的部位

眼周和嘴唇是最重要的部位，因为这两个部位的彩妆会影响整体妆容的效果。画出完美的眼妆和唇妆具有减龄的效果。

我认为睫毛比较重要，又长又翘的睫毛会使眼睛看起来充满生气。

眼妆是最重要的，画眼线或者涂睫毛膏的时候，眼尾是上翘还是下垂都会带来不一样的感觉。

眼妆和唇妆同样重要，一定要选择适合自己的颜色，突出个人的品位与气质。

我认为腮红很重要。腮红画得好，整体妆容看起来就会很完美，来不及化妆，只要画好腮红，就会看起来很有精神。

让嘴唇不脱妆的秘诀

薄薄地多涂几次口红，不仅颜色会更加鲜明，也不容易掉色。涂抹深色的口红，涂好之后先用纸巾轻轻按压，然后再轻轻拍打一层粉底，这样就可以长久保持颜色。

先擦上唇露，再涂抹自己喜欢的口红，这样就可以使颜色鲜明并且更加持久。

阴影&提亮，打造立体妆容

阴影&高光，突显立体轮廓

对于脸部较平的亚洲人来说，阴影和高光是必须要掌握的化妆技巧。只要学会了，就可以轻松塑造立体脸部轮廓。利用脸颊和下巴处的阴影效果，就能起到修饰脸部的作用，这样重要的化妆步骤你一定要重视起来！

初学者要选择粉底型高光亮粉

霜状的高光亮粉需要用手涂抹，通过手部的温度使亮粉更服帖。但是对于初学者来说，不小心用量过大，会使妆感看起来厚重，因此建议初学者使用分子细腻的粉底型亮粉。

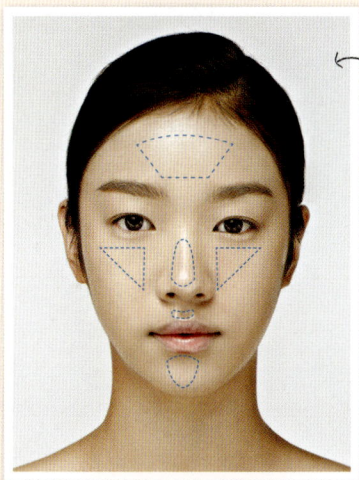

提亮方式

1. 提亮的基本位置是额头、眼睛下部、鼻梁和下巴。
2. 额头不要全部涂抹，只要涂在比额头中间微微宽一些的范围就可以。
3. 鼻子也不要全部涂抹，而是轻轻在鼻尖点涂一下即可。因为如果全部提亮的话，会使脸看起来更宽，鼻子看起来更长。
4. 在眼睛下面和鼻子两侧提亮可以增添活力。
5. 下巴不需要全部提亮，只在下嘴唇和下巴凹进去的部位进行提亮就可以。

打阴影的方式

1. 有光的地方一定有阴影，有了阴影才会使光显得更亮。
2. 使用修容粉或者将两种不同颜色的粉底液混合使用，涂抹在图中暗处的部位就可以。
3. 最主要的方式就是掌握脸部轮廓，轻轻涂抹在发际线、脸部下面和鼻子周围。为了不使分界线太明显，要避免使用太深的颜色。

如何选择提亮产品

3D画面正流行，对于脸部比较平的东方人来说，亮粉就是让脸部更显立体的绝佳产品。初学者在涂抹亮粉时，不要超过鼻梁的2/3，只在人中和下巴部位轻点就可以了。

金属色类型

一般最常用的提亮方式就是用刷子或手直接涂抹。对于初学者来说，金属色是最容易上手的颜色，只要少量多次涂抹就可以。

eSpoir LUMINOUS GLOW HIGHLIGHTER

滋润乳霜型

最近出现很多口红型和腮红型的亮粉产品。这种类型的亮粉虽然能使肌肤看起来很顺滑，但是会突出毛孔，因此不适合肌肤粗糙的人使用。

benefit 电力加倍焕彩高光棒

珠光液状型

为了表现光彩而闪亮的皮肤，含有珠光成分的液体亮粉是最适合的，其特点是隐隐发光和滋润的质感。在涂抹粉底之前，先在眼周C字部位或苹果肌上涂抹这款亮粉，使妆容更显立体。

NARS 晶采全效凝胶

补妆，
美丽一整天

美丽一整天的补妆秘诀

没有一个人可以在早晨化好妆之后，不补妆而保持一整天美丽妆
容。明星们也需要持续补妆，才能一直维持最佳妆容。但是如果没有
掌握正确的补妆方法，还不如不补。

化妆包里必备的工具

女人的化妆包是迷你化妆台。补妆时需要棉棒、睫毛夹、遮瑕
膏、粉扑、喷雾、小瓶乳霜、眼线笔、BB霜、可以照到全脸的镜子、
口红、唇蜜、唇膏等，这些工具都要备全。

POINT1 首先用纸巾除去脸部油分

水分减少，皮脂分泌的时候需要为皮肤提供水分。首先要在全脸喷上喷雾，然后用纸巾按住脸部吸收油分，但是不要用吸油纸，因为吸油纸除去油分的同时会留下印记，所以用面巾纸吸油更好。接下来用海绵轻轻涂抹BB霜，必要时再涂抹一点粉底液，但是一定要薄。

POINT2 用棉棒蘸取乳液为眼睛补妆

在棉棒上蘸点乳液，擦掉晕出来的眼线，然后在眼睛下部最容易晕妆的部分用散粉和眼影修饰，再画上眼线。

POINT3 用粉底液修饰嘴唇

在有唇膏痕迹的上方再抹唇膏会非常难看，所以先把残留的唇膏用棉棒擦拭干净，再用粉底液按住嘴唇周边，最后再重新涂抹唇膏。

Face

先用喷雾轻轻喷在整个脸部，为肌肤补充水分。

用纸巾除去油分。吸油纸容易留印记，所以不要使用。

用乳胶轻轻拍打BB霜。

Eye

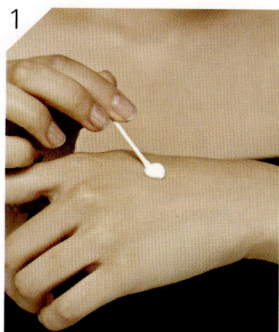

1.把乳霜挤在手背上，再用棉棒蘸取。
2.用棉棒认真擦拭弄花的眼角。
3.用散粉和眼影修饰眼睛下部。
4.重新画上眼线。

157

Lip

1 用棉棒蘸取乳液，擦掉嘴唇残留的唇膏。

2 在嘴唇上涂抹粉底。

3 重新涂抹唇膏。

五位化妆师告诉你

BEST 使妆容更持久的必备工具

挖棒和睫毛夹

想让肌肤长时间保持干净，使用乳状类产品时，一定要使用挖棒。除此之外，使用睫毛夹才能画出更漂亮的眼妆。

喷雾

化妆后使用喷雾可以延长妆容的持久性。如果在补妆前使用，效果更好。喷雾分为清爽型和油脂型，清爽型用在化妆前，油脂型则是在化妆后使用。

瞬间拥有
迷人体态的
身体化妆术

身体化妆前，做好基础保养工作

艺人们除了拥有精致的妆容以外，也会为身体化妆，例如在身上性感的部位提亮，这样拍照的时候更加闪耀、迷人。同时，为身体化妆还可以展现更加迷人的曲线，例如擦上珠光亮粉以后，当阳光照射到肌肤上，身体就会自然发亮，显得更加健康、苗条。但是在为身体化妆前，一定要做好基础的保养，这样才能获得最佳效果！

上妆前要清洁肌肤

化妆前的清洁是必要的工作，这样可以预防肌肤出现问题。洗澡前可以先喝一杯温暖的花草茶，促进血液循环。洗澡时把沐浴乳挤在浴花上充分揉出泡沫，从身体下部到上部以螺旋形状擦拭。用温水冲掉后提高水压，以脚底、腿、胳膊、肚子、胸部、屁股的顺序进行按摩，最后用凉水按摩。

每半个月去一次角质

除了洗澡以外，还需要定期去角质，这样才可以使肌肤光滑而细腻。定期有规律地去角质才更有效。首先泡热水澡使角质变软，再用去角质产品在手掌和身体之间轻轻摩擦搓洗。皮肤粗糙的部分，如膝盖和胳膊肘最好使用浴刷。

做好保湿的工作

想要拥有完美的质感肌肤，要做好充分的保湿工作。身体和脸部一样，需要水分和营养，这样皮肤才会变得滋润而富有弹性，也更容易上妆。洗澡后，趁着身体还有水分的时候涂抹保湿霜，锁住水分。这时若能配合按摩，促进血液循环，皮肤就会更加柔和。手和腿这两个部位，用指压的方式按摩效果最好。

身体化妆前要先除毛

有毛的腿部和胳膊化妆后光泽效果减半，还会使化妆品和毛混在一起，因此在身体化妆前首先要细心地除毛。

除毛时先用眉刀整理一下，如果毛很长，可以先剪短5毫米后再用温水清洗，这样毛孔会张开，毛也会变软，更方便去除。

1	使用打蜡或者脱毛膏去毛，必须先进行皮肤测试
2	去毛时一定会刺激皮肤，所以除毛前先进行5分钟冰敷，这样可以减少痛苦
3	除完毛的皮肤呈敏感状态，所以不要直接使用防晒霜或者化妆品，而是使用身体乳镇定皮肤
4	如果去毛后皮肤变红或者火辣辣，可以做完冷敷后擦拭含有降温成分的产品，收缩毛孔。涂抹含有芦荟、绿茶、甘菊等成分的身体乳或者胶状保湿霜也是很有效的

打造性感体态的身体化妆术

腿部、手、锁骨等凸出的部位，只要稍微擦上身体亮粉，就可以让你看起来更具有健康美，还会变得很性感。没有身体亮粉也可以用珠光眼影代替。

在锁骨等突出的地方擦上珠光亮粉，这样会增添性感的味道。　从肩膀呈直线型擦到手背，隐约透出光泽。　从膝盖自然向下呈直线形涂抹，不要涂抹得太宽，最好不超过两指的宽度。

Tips

如果亮粉用得太多，身体太亮的话，反而会膨胀视觉，使你看起来更胖，所以一定要少量使用。

BEST 身体产品推荐

NUXE 全效保养油和
banila co 神秘高光粉

NUXE产品不仅可以用于身体，而且还可以用于脸部、头发。其所含的精油成分能够长时间保持滋润感。banila co主要用在夏天晒黑的皮肤或者深色皮肤上，可以从视觉上起到瘦身的效果。

CLARINS 纤体精华霜

这款瘦身产品虽然短时间内没有太大的效果，但是持续使用就会有意想不到的效果。

NARS 身体光泽乳液

这款产品具有镇静和保湿的功效，适合用在锁骨或腿部等部位，起到很好的提亮效果。

benefit 美丽定格
身体香膏

这款产品可以打造光泽而水嫩的皮肤，味道也很香甜。

Part 4

少女天团御用彩妆师教你画出超完美明星妆容！金南珠、Brown Eyed Girls、Davichi等明星们的妆容，只要掌握前面所讲述的化妆技巧，我们也能轻松上手。不要认为化妆很难，只要找出适合自己的方法，享受充满乐趣的化妆过程，就能让你与众不同！

她们是怎么
化妆的呢？

画出耀眼迷人的
超完美明星妆

少女天团的
百变完美妆容

167

超自然化妆法

想要表现出神秘的感觉，要最大程度地限制眼睛和嘴唇所有颜色的表现力，只突出五官的净透感觉，涂抹含有珠光质感的唇彩添加性感的感觉。

产品清单
Tools

A. 眼影：BOBBI BROWN EYESHADOW 21号金色

B. 眼眉：THE FACE SHOP DESIGNING CAKE EYEBROW 01号灰棕

C. 唇膏：MAC LIPSTICK MISS

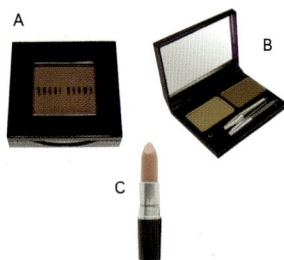

1 薄薄涂抹一层粉底液，然后用散粉收尾。

2 用眉刷顺着眉毛纹理梳。眉色浅的话先用眉笔清晰地画出轮廓，然后再刷涂与头发一样颜色的眉粉。

3 用米棕色系列的眼影宽幅涂抹在眼窝处。

4

用睫毛夹抓住睫毛根部，夹2～3次，使睫毛自然卷起。

5

稍微涂一层睫毛膏，然后用棉棒整理，防止睫毛膏凝结在一起。

6

用液体眼线笔沿着黏膜部位描画上眼线，然后涂抹裸粉色唇膏，最后用粉扑按住嘴唇，表现出净透的裸妆感。

{ 无皱纹的 唇妆秘诀 }

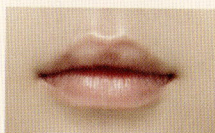

嘴唇皱纹多或者干燥的话用唇膏也不会漂亮。想要表现滋润有弹力的双唇，在化妆前先用眼霜涂抹嘴唇和嘴角，遮瑕八字纹。嘴唇不会出现皮脂分泌的现象，所以用眼霜掩盖皱纹比用舒展唇膏所呈现的效果更好。唇膏不要只抹一次，而是使用唇刷多抹几次（3次左右）。涂抹时尽量薄，这样才会更好看。嘴唇里侧也要细心涂抹，嘴唇上部和中间的嘴角线也要填满。

神秘的猫眼妆法

上下眼线画得厚一些，稍微向外拉长，这样眼睛会显得大而性感。用裸色唇彩自然涂抹双唇，更加突显美丽的眼睛。

产品清单
Tools

A.眼线膏：BOBBI BROWN LONG WIRE GEK LINER
B.眼影：MAC EYESHADOW SOBA
C.唇膏：MAC LIPSTICK OVERTIME
D.腮红：MAC POWDER BLUSHER ANGEL

1
画完基础底妆后用散粉收尾。

2
用眉笔填满眉毛空缺部位，然后用干净的睫毛膏刷子梳理。

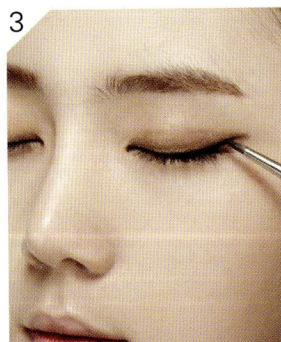

3
眼窝部位打一层薄薄的眼影，再画眼线。眼睛上下部位都需要画眼线。

4 上眼线眼尾部位向后
拉长，连接到下眼线。

5 睫毛用睫毛夹卷起
后，只剪一半假睫毛，粘
贴在眼尾。

6 斜向上刷图粉色腮红。

7 用唇刷涂抹裸色的唇
膏后用粉扑按一下，表现
出净透的感觉。

PLUS TIP

{ 深色烟熏妆的重点 }

1.画烟熏妆时先厚厚地抹上霜状的
眼影，防止粉末进入眼睛。

2.睫毛根部与脂肪腺连接，所以使
用不干净的睫毛夹会引起炎症。睫毛夹
需要时常擦拭，尤其是画完烟熏妆后，
用眼部专用卸妆产品柔和地擦拭。

3.不小心画出来的眼线用棉棒蘸取
卸妆油认真擦拭，注意不要碰到眼球。

小清新妆容正当道

最大程度限制色彩的使用，用橘色眼线覆盖黏膜部位，强调眼睛的清晰度。使用滋润的杏色唇膏更加突显清纯魅力。

1

涂抹一层薄薄的粉底液，油脂分泌多的区域用散粉按住，提亮肤色。

2

蘸取米黄色系列的眼影，宽幅涂抹在眼窝处。

3

上眼线和下眼线用眼线笔盖住黏膜薄薄地画一层。

4

用棕色眼影稍微抹在眼线上，增强颜色层次感。

5

用棉棒整理眼角，用睫毛夹卷起睫毛。

6

涂抹一层粉色唇膏，最后用粉色腮红收尾。

A. 眼影：innisfree MINERAL EYESHADOW 12号
B. 睫毛膏：innisfree skiny mascara
C. 唇膏： MAC LIPSTICK WELL—LOVELY
D. 唇彩：LANEIGE SNOW CHRISTAL PURE GLOSS PINK BEIGE
E. 腮红：HANSIN SHIMMERING BLUSHER INDY PINK

PLUS TIP

{ 清澈的眼妆画法 }

1. 在眼窝上涂抹米黄色眼影。

2. 用棕色眼线笔盖住黏膜部位画出眼线，眼线要尽量画得薄是。

3. 下眼线也采用同样的画法，但是不要与上眼线连接，这样眼睛会显大。

4. 用棕色眼影微微盖住眼线部位，呈现自然的阴影效果。

5. 在下眼窝部位简单地画出杏色眼影。

6. 用睫毛夹从睫毛根部开始卷起，最后从根部开始向上涂抹睫毛膏。

冷艳的深邃狂放妆

干练却不失女性的魅力，金色浓妆法强调眼睛神秘而强烈的感觉。

1

使用珍珠底妆增加皮肤本身隐约的闪亮感，打造水灵的透明底妆。

2

顺着眉毛的纹理轻刷，如果眉色浅，可以用眼影加重，然后用眉笔清晰地画出轮廓。

3

眼窝部分涂抹金色眼影。

4

用眼线笔画出上眼线和下眼线，然后用睫毛夹从睫毛根部开始分2～3次自然地卷起。

5

剪出几根假睫毛，根据眼线的弧度自然粘贴，再涂一层睫毛膏。

6

用棕色眼影涂抹在眼角部位，与步骤3的金色眼影巧妙融合，呈现柔和的色彩变化之感。

7　眼角处微微涂抹一层白色眼影，有助于呈现眼睛凉爽的感觉。

8　只用在嘴唇中间涂抹唇蜜，然后再涂抹粉色唇膏，与唇蜜自然融合。

9　自然地涂抹腮红后在T区和颧骨处轻扫亮珍珠散粉，下巴部分轻扫高光。

产品清单
Tools

A．眼影：SHU UEMURA PRESSED EYE SHADOW ME 335、BOBBI BROWN EYE SHADOW 10号

B．眼线：BOBBI BROWN LONG—WEAR EYE PENCIL BLACK

C．嘴唇产品：benefit chacha tint

D．腮红：CLIO ART HIGHLIGHT 02号 粉色

{ 韩系渐变咬 唇妆的画法 }

1   2

3

唇蜜的画法

1. 将唇蜜画在嘴唇中间。
2. 用粉扑蘸取粉底液，稍微模糊嘴唇与唇蜜的分界线。
3. 最后唇蜜收尾，唇部中间要多涂一些。

1 2
3 4

口红的画法

1. 薄薄地涂抹粉底，盖住唇线。
2. 只在中间部位涂抹口红。
3. 为了呈现自然的渐变效果，用唇刷向外侧擦拭嘴唇的边缘。如果没有唇刷，可以用手涂抹。
4. 最后再涂上口红。

金南珠的
冷雾烟熏妆

金南珠的妆容重点是美丽的眼妆。用金棕色眼影呈现出深邃的感觉，画眼线的时候眼尾稍微上扬，打造风情万种的感觉。底妆尽量打得薄一些，嘴唇只需要涂上淡淡的粉红色就可以。

产品清单
Tools

A.唇膏：COSME DECORTE 舞蝶唇膏 AQMW＃BE370

B.睫毛膏：COSME DECORTE AQMW 舞蝶睫毛膏

C.眼影：COSME DECORTE AQMW EYESHADOW 舞蝶眼影＃014

1

眼眉空缺的地方用眉笔填补，眼窝处涂抹金棕色眼影。

TIPS

因为烟熏妆的深色眼影很容易掉下粉末，最好等眼妆画好之后再画底妆。

2

用棕色眼线笔描画上眼线。眼尾微微上翘，下眼线轻轻把黏膜填满就可以。

3

在眼尾部位涂抹深棕色眼影，然后再涂上一层步骤1所使用的金棕色眼影，呈现颜色渐变的效果。

用深棕色眼影连接眼角和下眼线，使下眼线眼尾和眼角呈现自然的渐变色。

用唇刷涂抹含有珠光成分的裸粉色唇蜜。

画完眼妆后进行定妆，抹完打底霜之后再用粉底液收尾。

{ 画出深邃的 烟熏眼妆 }

1. 粉色眼影涂抹在整个眼窝部位。

2. 用棕色眼线笔描画眼线。

3. 用棕色眼影与眼线吻合，呈现自然的效果。

4. 用棕色眼线笔填满下眼线的黏膜部分。

5. 眼尾部位的眼线和下眼线用眼影自然地连接。

6. 用睫毛夹从睫毛根部开始卷起，最后刷上睫毛膏。

Brown Eyed Girls 孙佳仁的

眼睛放大1.5倍

单眼皮眼线妆

最能展现孙佳仁魅力妆容的就是这个看起来既高傲又性感的黑色眼线妆。单眼皮小眼睛的女生只要通过调整眼线的长度和厚度，就可以使眼睛有放大1.5倍的效果。

1

薄薄地涂抹一层含有珠光成分的粉底。

2

先涂抹一层金色眼影，然后用灰色眼影沿着双眼皮线涂抹，呈现渐变效果。

3

用眼线膏画眼线，连接上下眼线并在眼尾处拉长。

4

用眼线笔再画一次眼线，这样不会晕妆，使眼线更清晰。

5

用睫毛夹卷起睫毛后认真涂抹睫毛膏。再用透明睫毛膏梳理一次。

6

嘴唇中间部位抹唇蜜，唇线部位用裸粉色唇膏晕染颜色。

A．眼影：MAC CINDERFELLA、BOBBI BROWN SLATE

B．眼线：BOBBI BROWN GEL EYE LINER BLACK、BOBBI BROWN LONG-WEAR EYE PENCIL BLACK

C．唇膏：SHU UEMURA ROUGE UNLIMITED BG 911

PLUS TIP

{ 单眼皮眼线妆
的重点 }

1. 在眼窝处大面积涂抹眼影，然后在双眼皮的位置再抹一次。

2. 用眼线膏画出厚厚的眼线，只画到眼尾即可。

3. 沿着下眼线的睫毛根部画下眼线，截止到眼尾部位。

4. 拉长上眼线与下眼线，使二者相结合。在下眼线处拉长眼线，呈现更加敏捷的眼妆效果。

5. 涂抹深色眼影，晕染颜色的交界处。

6. 用刷子轻轻拍打眼线，使其呈现渐变的效果，最后用睫毛夹卷起睫毛后涂抹睫毛膏收尾。

Davichi姜珉耿的
甜美可爱妆

清纯又充满女性魅力的Davichi姜珉耿。她的白皙皮肤适合粉色或紫色系列，表现出沉着而光彩照人的妆效，最适合在男朋友面前展现优雅的魅力。

1

薄薄涂抹一层含有珠光成分的粉底。

2

在眼窝处先涂抹一层粉色眼影，再用深褐色眼影连接眼角处，呈现渐变效果。

3

轻轻刷上睫毛膏，下睫毛用睫毛刷一根一根地梳理。

4

不用画唇线，在唇线内侧涂抹唇膏，不要超过唇线。

5

从颧骨到耳侧大面积轻扫淡紫色腮红。

6

苹果肌内侧和眼睛下部有黑眼圈的部位轻扫高光，加强迷人的效果。

{ **画出完美的腮红** }

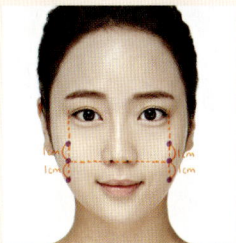

基本 腮红的位置很重要。微笑时突出的部分是腮红的基本位置。以眼角为基准。以鼻子为中心向上画呈现优雅的效果，向下画呈现可爱的效果。

圆脸 腮红画得圆的话会使脸部看起来更圆，所以腮红要画斜线形。

长脸 水平画腮红可以缩短脸部的长度，向耳朵方向稍微拉长。

有棱角的脸 颧骨高的人不适合夸张的腮红，只要稍微在外层轻扫一下就好。

倒三角脸 从内侧向外侧以画圆圈的方式涂抹腮红，呈现可爱的感觉。

霜状的腮红

有亲肤感，表现得更加
光滑。用手涂抹会因为体温
而使腮红快速融到皮肤里，
但是要避免画出纹路。

粉状的腮红

可以表现得粉嫩而自
然，但是持续力会下降。
轻轻拍打几次调整浓度。

产品清单
Tools

A．眼影：SHISHEIDOLUMINAZING SATIN
EYE COLOR BE 202、TONY MOLY 14号
cappuccino

B．眼线：eSpoir GEL EYELINER BROWNY

C．唇膏：eSpoir LIPSTICK NO WEAR
SHEER PK 002

D．腮红：TONY MOLY BLUSHER 04
MILKY VIOLET

E．高光：MAMOND BRIGHTENING
POWDER PACT

A

B

C

D

全慧彬的
单眼皮也可以很性感

华丽性感妆

以偶像组合初次登台的全慧彬，可爱的外貌和惊人的舞蹈实力受到大众的喜爱，更加成熟的美貌和迷惑的身材使她成为了性感的女神。突出健康肤色的化妆法和强烈的红色嘴唇突显了她的魅力。

1

为了呈现水嫩光亮的效果，在T区、鼻子和下巴等部位打上亮粉。

2

用眉笔填满眉毛空缺的地方，然后用大地色眼影轻轻涂抹在眼窝处。

3

细细地画出上眼线，填补睫毛根部的空缺处。

4

用睫毛夹卷起睫毛后，从根部开始轻轻刷涂睫毛膏。

5

抹上大红色口红后，再用透明唇彩表现滋润而性感的双唇。

6

为了使肌肤看起来更加水嫩透亮，最后喷上含有胶原蛋白的喷雾，再轻轻按压。

{ 呈现光泽质感的
底妆画法 }

1.用妆前乳盖住毛孔，利用底妆使皮肤尽量表现得光滑。

2.用乳胶棉在整个脸部按压涂抹含有珠光成分的妆前乳。

3.使用喷雾后双手按住脸部，增强皮肤的吸收力。

4.粉底液和珍珠底妆乳以1:1的比例混合，再用刷子涂抹在脸上。

5.粉底服帖之后，再次使用保湿喷雾，呈现出更自然的光泽。

6.额头、颧骨、鼻子、C区，下巴等部位用刷子涂抹液状的高光，完成靓丽的光泽感底妆。

产品清单
Tools

A. 眼影：stila kitten
B. 眼线：BOBBI BROWN GEL EYELIENR BLACK
C. 唇膏：eSpoir LIPSTICK NO—WEAR RD201

金玉彬的
魔法金色妆

拥有迷人双眼的金玉彬，金色妆容更会增加成熟而神秘的魅力，年会聚餐或特殊场合最适宜这种妆容。

1
底妆要最大限度的薄。使用剩下的粉底液使唇线完全消失。

2
睫毛用睫毛夹卷起，用眉笔最大程度地描画深而粗的眉毛。

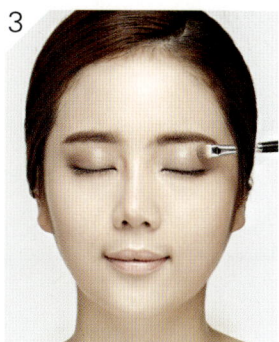

3
在眼窝处涂抹金色的眼影。

4
用眼线笔画上眼线和下眼线，眼尾要向上翘。

5
眼尾处用深棕色眼影画出渐变色彩。

6
眼角处涂抹亮金色眼影，使眼睛更加有神。

7

用唇刷涂抹裸色唇膏。

8

最后用蜜粉修饰定妆，
充满魅惑的妆容就完成了。

A．眼影：Doir COULEURS LIFT 042，LIFTING GRAY
B．眼睛：MAC TECHINACOHL LINER BROWNBODER
C．唇膏：MAC LIPSTICK PEACH STOCK
D．腮红：CLINIC FRESH BLOOM ALL OVER COLOR
01 POENY

产品清单
Tools

A B

D

C

PLUS TIP

1 2
3 4

{ 年轻5岁的韩系 童颜一字眉 }

　　1.用螺旋形刷子梳理眉毛。前端向上，尾部向下。

　　2.用眼影刷蘸取棕色眼影一字形描画眉毛。

　　3.用梳子梳理眉毛，减掉突出的眉毛。眉尾部分只需整理，不需剪掉。

　　4.先在眉毛上涂眼霜，再用修眉刀整理杂毛，这样能避免眉毛受伤。

吴智恩的
粉嫩少女妆

吴智恩给人一种干净而清纯的感觉，比起色彩强烈的妆容，强调粉嫩皮肤的透明妆更能表现出她的可爱。在眼尾处用眼线稍微拉长，可以增加性感而别致的魅力。

1

底妆要细心地涂抹。用化妆棉蘸取剩余的粉底液模糊唇线。

2

涂抹眼影后，用眼线笔描画眼线，在眼尾处以水平线方向拉长。

3

夹卷睫毛后，用睫毛膏只抹睫毛尾部，要防止睫毛凝结在一起。

4

下眼窝也涂抹眼影，加强立体感。

5

用眉毛膏将眉毛前端向上梳理，增强童颜的效果。

6

腮红要自然地斜向轻扫，最后涂抹裸色唇彩。

A. 眼影：MAC MEGA METAL TWEET
B. 眼线：MAKE UP FOR EVER CALL PENCIL BLACK
C. 唇膏：SHU UEMURA ROUGE UNLIMITED PU 325
D. 腮红：SHU UEMURA CREAM ON PINK

{ 打造无瑕质感
底妆 }

1. 用妆前乳调整皮肤状态。

2. 用刷子蘸取粉底液涂抹整个脸部。

3. 用乳胶块蘸取少量粉底液，在眼睛下部、鼻梁、眼角等暗沉部位再次认真拍打。

4. 粉底液和遮瑕膏以1：1的比例混合，涂抹在整个脸部，重点是涂得薄。

5. 用遮瑕膏点涂瑕疵部位，再用手稍微擦拭，消除界限。

6. 用粉扑少量蘸取带有珠光粒子的散粉，轻按面颊部位，除去油分。

陈彩英的
复古雀斑妆

陈彩英的妆容不局限于一定的规则，而是享受活泼的颜色或者根据当天的主题自由选择。基本技巧是展现自己的个性，达到别具特色的妆效。

1

涂抹基础的裸色眼影，然后用眼线膏拉长眼线，最后用眼线笔沿着睫毛根部描画下眼线。

2

用棕色眉粉描画眉毛，再用眉笔填充空缺部位。

3

眉头用染眉膏向上梳理，表现出轻快而活跃的感觉。

4

用乳胶块均匀涂抹霜状腮红。

5

假睫毛需要剪成和眼睛一样的长度，呈45度斜向粘贴。下睫毛剪掉前后两端，剩下的部分粘贴在下睫毛中间。

6

利用眼线笔在脸颊处轻点，画出自然的斑点，最后擦上口红就完成了。

A
B
C
D

A．眼影：MAC Eye Shadow Soba
B．眼线：MAC 防水眼线笔
C．嘴唇产品：MAC 时尚唇彩 WELL-LOVED
D．腮红：MAKE UP FOR EVER HD BLUSHER
14 BRIGHT PEACH

PLUS TIP

1 2
3 4

{ 复古雀斑演绎法 }

1.底妆尽量薄而透明。

2.以苹果区为基础向周边略宽地轻扫霜状腮红。

3.利用棕色眼影、眉笔和眼线笔等道具，在脸颊，鼻梁等部位点上斑点。

4.斑点要有浅有深、有粗有细，这样才会更显自然。

李英雅的 闪耀亮眼妆

极具魅惑的
性感双眼

李英雅平时喜欢强调皮肤无瑕质感和魅惑大眼睛，娃娃般的睫毛和充满魅力的银色眼影是整体妆容的重点。

1

涂抹含有珠光成分的底妆。

2

用银色眼影抹在眼窝处，眼角处用棕色眼影表现层次感。

3

用眼线膏在眼尾处稍微拉长，下眼线用眼线笔覆盖住睫毛根部。

4

上下都粘贴假睫毛，然后涂抹睫毛膏，使真假睫毛相融合。

5

从颧骨到耳侧斜向上轻扫橙色腮红。

6

涂抹橙色唇膏表现出滋润的感觉。

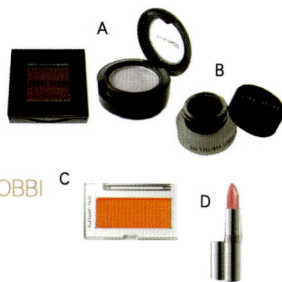

A. 眼影：MAC EYESHADOW IDOL EYES、BOBBI BROWN EYE SHADOW MAHOGANY

B. 眼线：BABBI BROWN GEL EYE LINER 黑色

C. 腮红：SHU UEMURA GLOW ON P#55

D. 唇膏：LANEIGE SNOW CHRISTAL MOISTURE LIPSTICK SOFT CORAL

PLUS TIP

{ 用假睫毛呈现洋娃娃般的双眼 }

1-2.用眼线膏填满睫毛根部，用睫毛夹柔和地从睫毛根部开始卷起，涂抹基础色眼影。

3.准备单个的假睫毛或者和眼睛长度一样的整体假睫毛。

4.假睫毛只蘸取适量的胶水。

5.30~40秒后眼睛向下看，粘贴假睫毛。

6-7.下睫毛也要贴假睫毛，等假睫毛干了之后用睫毛夹再次夹翘。

8.最后在睫毛尾端稍微刷一下睫毛膏，这样能固定睫毛的根部。

Part 5

前文已经很详细地讲解了基础的化妆手法，也学到了明星们的化妆秘诀及所使用的产品，但是你是否仍然对化妆有所恐惧和迷惑？那就在这个篇章解答所有的化妆疑问！

解决困扰你
的化妆问题

化妆技巧Q&A

无论什么事情，第一次尝试都有心动的感觉。不用把化妆
想得太难。丢掉"化妆是造型师才能完成"这样的误解，
享受化妆的全过程。初学者先准备一些基本的产品，享受化妆带
来的乐趣，我推荐的必备产品有以下5种。

①BB霜

②睫毛夹

③睫毛膏

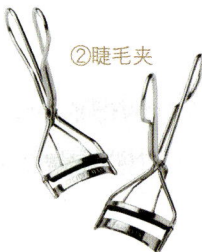

⑤唇部产品

④眉笔

STEP1：基础保养后涂抹BB霜

　　日常的基础妆容只用BB霜也足够提亮肤色、遮盖瑕疵。BB霜
或者粉底可以用手涂抹，不过用乳胶状的化妆棉以拍打的形式涂
抹会呈现更薄、更透的妆效。

STEP2：刷涂睫毛膏之前先夹翘睫毛

整体妆容中最主要的是眼妆。漂亮的眼睛能够散发个人魅力。所以睫毛夹和睫毛膏是必备品。只用睫毛膏很难让睫毛翘起，所以先用睫毛夹卷起睫毛后再用睫毛膏，这样眼睛会更显明亮。

STEP3：先修眉，再画眉

眉毛杂乱的话，会给人留下不好的印象，所以画眉前一定要先进行修整。如果眉色较深，则不需要加重描画，简单梳理即可，如果眉色较浅，则眉笔就是很有必要的了。

STEP4：先涂口红，再涂唇蜜

口红是能提升脸部气色的绝佳产品，如果时间来不及化妆，也一定要擦口红。可以先擦口红，再涂一层唇蜜，这样可以使唇部看起来水嫩嫩的。

成熟的外貌真苦恼，现在才21岁，可是看起来却像28了。

现在才21岁，却常常被认为28了，真是又冤枉又伤心。不过值得欣慰的一点是年轻时显老，等上了年纪之后就不会了。不过如何能用可爱的妆容找回自己的真实年龄呢？

皮肤暗淡会显老

首先要重视的是肤色。肤色暗淡有可能会显老。所以最首要的任务是用薄而透的底妆提亮肤色。用比皮肤更亮一号的底妆乳认真涂抹，使皮肤本身散发隐隐的光泽。想要呈现健康的肤色，就要避免厚重的粉底液或者含有珍珠亮粉的产品。

只用腮红和睫毛夹强调清纯的感觉

为了呈现童颜效果，亮而泛红的腮红也是必要的，配合使用睫毛夹夹卷睫毛，薄薄地画上一层眼线和睫毛膏，强调眼睛的清澈度，会增强减龄的效果。比起使用发光或者干燥的口红，不如用唇蜜简单地涂一层，会显得更加年轻。

Q 学会了很多化妆的方法,
但是却还是看起来平平庸庸?

世界上没有两个人长得一模一样的,哪怕双胞胎也有细微的差距,正是如此,每个人所呈现出来的妆容也是千差万别。有些人喜欢清纯型,有些人喜欢性感型,还有些人喜欢可爱型,我们无法画出让每一个人都喜欢的妆容,因此化妆的重点就要放在"突出个人的特质"。

化妆要取长补短

大部分人认为,画眼线是化妆中不可或缺的步骤,但是眼睛大而清澈的人,画深色眼线反而会增强强悍的感觉,效果适得其反,这时只用睫毛夹和睫毛膏使睫毛变得卷翘就足够了。因此"取长补短"才是突显个人特质的化妆方法。

避开男人不喜欢的妆容

经过调查,票选出了男人不喜欢的妆容类型:肤色画得过分亮白、无法分辨出原模样的深色眼妆,火焰般大红色的双唇、浓密又杂乱的眉毛、太过油亮的嘴唇。尽可能避开这样的妆容,尽量展现出自己光滑细腻的皮肤,突出自己的面容优势。

用黑色眼影强调眼部给人强烈印象的烟熏妆，男人都不太喜欢这种强烈的感觉。但是烟熏妆也可以根据不同的方法演绎出不同的效果，最主要的是可以有效掩饰眼部缺点，例如下垂眼，将眼线提高45度可以呈现性感而有挑战性的形象；双眼间距离短的话可以把眼线从眼角一直画到太阳穴，这样可以从视觉上加宽双眼的距离。

不要使用亮色眼影

干练而富有女人味的烟熏妆中最主要的是不使用亮色眼影。简单使用可以制造出阴影效果的眼影抹在眼窝，只用眼线画出月牙形状的眼睛，看起来性感却不厚重。这时在眼线上方用棕色眼影画出颜色层次，使眼神更加深邃。

在T区打亮

没有强烈色彩对比的烟熏妆要注重肤色。用与肤色相同颜色的粉底液打底，然后为了表现出自然的肤色，用亮一级颜色的粉底液涂在T区、下巴等重点部位，而不是使用高光，这样可以呈现出更加立体的轮廓。

说到面试谁都会紧张。现在的面试官不仅看技术，也关注穿着、发型、妆容等方面。面试时表现出端庄而理智的感觉是很重要的，因为大多数面试官是初次见面，并且是40岁左右的中年男性。

端庄而理智的主持人妆效

说到理智的形象，首先出现在脑海里的就是主持人。主持人的妆容重点是集中在脸部的中间，眼睛大而清晰，传递善良的感觉，不能犀利，其他部位不用太下工夫。

皮肤里侧要滋润，皮肤外侧要粉嫩

粉嫩的肤质对于端庄的形象更适合（参照P96—粉嫩感底妆）。紧张的情况下皮肤会绷紧，所以基础护肤阶段要充分利用精华和喷雾补充水分，再涂抹妆前乳。

粉底液和精华以1：1的比例混合，利用刷子在脸颊、额头、下巴等部位认真涂抹，呈现滋润感底妆。想要盖住皮肤缺点，用刷子蘸取少量的遮瑕膏，在比需要盖住的部位稍微大范围进行点涂。最后鼻尖和额头等容易出油的地方用粉微微轻扑就可以了。

强调眼神明亮度，画出一字眉

眼部要避免使用色彩眼影，呈现清澈的双眸才是重点。先用米黄色眼影做出阴影，再用棕色或卡其色系列的眼线笔填补睫毛间隙，眼线不要长于眼尾，如果是下垂眼，可以使眼尾稍微上翘一点，呈现活泼的感觉。一字眉具有减龄的效果，而且能给人带来善良的感觉。最后用高光点亮眼睛下部，增强整体妆容的立体感。

无亮泽感的唇膏体现稳重感

唇色比肤色白会显得憔悴，太暗又会显得忧郁，所以最好选择接近肤色的颜色。光泽度极高的润唇膏给人一种不稳重的感觉，所以还是要使用粉嫩感觉的唇膏为好。

Tips

先去除嘴唇角质，然后从嘴唇内侧开始填满色彩，不要太强调唇线，最后完成端庄而知性的妆容。

最上相的就是脸颊稍长，脸看起来瘦一些，五官清晰的
立体妆容。想要呈现自然的立体感，最主要的就是在最
后使用高光和阴影。

利用高光和阴影制造脸部立体感

用妆前乳均匀肤色之后，用刷子蘸取液体状高光横扫在T
区、眼底、下巴等部位，再用刷子涂抹粉底液，呈现出自然的光
泽效果，用不含珍珠亮粉的透明粉底轻扫，最后蘸取深颜色散粉
沿着下巴线轮廓由外侧到里侧画圆圈涂抹，模糊界限。发际线周
围也用阴影，这样可以使脸颊显得更加小而微长。

腮红要向外延长

画好底妆后，眼睛只需要用米黄色眼影表现出阴影，用棕
色眼影涂抹在双眼皮部位画出重点。用眼线填补睫毛间的空隙，
眼角稍微拉长。用接近自身唇色的唇彩，从里到外制造出渐变的
感觉，用刷子蘸取腮红在苹果区以打圈的方式涂抹，延长到颧骨
旁，以提升饱和度。

Q 明天有约会，可是皮肤长痘而且暗淡，有没有应急措施呢？

为什么有重要事情的时候就会长痘呢？明天就是约会日子，这时候长痘确实让人生气。但是不能随便挤痘，痘痘受到刺激会化脓，所以洗脸的时候也不能太用力。

用绿茶洁面为皮肤杀菌

突然出现皮肤问题的时候试用绿茶洗脸。绿茶中含有的丹宁酸成分具有镇定皮肤和杀菌效果，多酚成分使皮肤净透。除此之外，睡觉前使用美白产品或者按摩可以提亮肤色。早晨用凉水洗脸可以收缩毛孔，增强皮肤弹性，使皮肤更清爽。

不要挤痘，直接上妆

尽可能不要触碰痘痘，更不要挤出痘痘，直接在痘痘上面化妆就可以，挤逗会破坏细胞组织，反而会使痘痘更加突出。如果痘痘变黄，也没有痛感，可以利用棉棒蘸取遮瑕膏遮盖，使刺激最小化。但是一定不可以用手碰。被指尖上的细菌感染，反而会使痘痘肿起来，甚至还会留下伤疤。

粉底液和遮瑕膏以1：1的比例混合使用

　　化妆时用精华液和面霜维持水油的平衡，用亮粉底妆呈现出光彩照人的肤色。为了盖住痘痘，往往会大量使用遮瑕膏，但是长时间下来，当脸部变得干燥，痘痘反而更加突出。

　　用粉底液和遮瑕膏按1：1的比例混合后用刷子点抹，这时要注意避免出现界限，再用散粉轻轻拍打。最后根据痘痘的位置，强调眼睛或者嘴唇的妆效以分散注意力。

为了盖住痘痘，将粉底液和遮瑕膏混合在一起，涂抹时比痘痘面积宽一些，再用刷子去掉界限。

因为视力不好需要戴眼镜，可是化妆就觉得
很不自然，有适合戴眼镜画的彩妆吗？

戴眼镜的人怎么化妆才好看呢？戴上眼镜以后，眼镜就会把
重要的眼妆遮盖住，因此眼镜妆的重点就是底妆要轻薄、眼
妆要干净，而且一定要涂抹唇彩和腮红。

底妆一定要轻薄

戴眼镜的人主要提高皮肤的质感，底妆尽量打得薄，尤其是
眼镜接触到的鼻子周围，一定要尽可能薄，这样粉底才不会凝结
或者翘起来。除此之外，眼镜下边会有阴影，所以有必要提亮眼
睛下侧的肤色。鼻子上的眼镜痕迹用纸巾擦拭，再用BB霜或者粉
底液轻轻点上遮盖。

戴眼镜的时候不画眼影

戴眼镜的时候眼妆不要带有色彩。因为眼睛在镜片后面会显
得小而古板，而且会显得模糊，所以只画眼线就可以。

腮红和唇彩可以增加朝气，所以色彩腮红和唇彩是整体妆容
的重点。腮红选用桃红色或者橙色系列，唇彩则用红色系列。

要和男朋友来一场两天一夜的旅行，但是不想
让男朋友看到我"素颜"的样子，怎么办？

在坠入爱河的男性眼中，不化妆的女性也是漂亮的，但
是对于女性来说，不化妆就会产生不安的感觉。 当然我
们不可能凌晨5点起床化好妆等待着男朋友起床，因此还是有一
些假素颜的方式可以让人以为你没有化妆。其实很多明星所谓的
"素颜"，仔细看还是能够看得出来有画一些基本妆的。

心机"素颜妆"的化妆技巧

用BB霜薄薄地涂一层粉底，然后再涂上淡淡的唇蜜，最后
用睫毛夹轻轻夹睫毛，这几项工作完成后也会使人看起来精神不
少，如果还有多余的时间，就画一条细细的眼线，但是画的时候
要把眼镜抬高，并且要画在睫毛根部，眼尾的部分不要强调出
来。最后鼻梁和额头等容易出油的部位用散粉稍微拍打一下，让
人看不出来化妆的心机素颜妆就完成了！

确实有一些人不适合化妆，即使只擦了唇蜜也看起来很奇怪，甚至有些人不化妆的时候皮肤质感更好，这样往往会因此失去了化妆的兴趣。

放弃现有的化妆方式

稍微化妆就看起来特别夸张的人要放弃现有的化妆方式了。因为只要不适合你，就是错误的化妆方法。所以你必须要重新找到适合自己的方法，也就是我们前文所说的"取长补短"化妆法，总有一天会展现出最美丽的自己。

先从画淡妆入手

不合适化妆的人，不要一心想着化妆，首先要寻找适合自己的颜色，找到与自己肤色接近的粉底液薄薄地涂抹，建议也先不要画眼妆，单纯用睫毛夹卷起睫毛，或者只用眼线填补睫毛的空缺部位就可以。除此之外，眉毛是五官中最能左右印象的部分，因此要先修整出温和的一字眉，弱化眉峰，再用眉笔修饰，呈现出清纯的形象。

有适合去酒吧的性感妆容的化妆秘诀吗？
想知道在绚烂的灯光下如何才能更加美丽。

为了在酒吧众多的人群中更加耀眼，需要使用含有亮粉的产品，呈现出温和而华丽的妆容，但关键是不要太过分。结束底妆后在下眼窝、鼻梁、人中等部位打上有光泽的高光粉，呈现出更加立体的面部轮廓。

用猫眼化妆法强调眼睛

酒吧妆容的重点是突显眼睛的深邃感。眼尾稍微上翘的猫眼化妆法与酒吧氛围非常吻合。需要按照眼睛的轮廓描画，但是不要向上翘而是在水平面上拉长。下眼线从距离眼角1/3的长度描画至眼尾，与上眼线自然衔接，演绎出更加大而清晰的眼神。睫毛用睫毛夹卷上去后，利用睫毛膏弯曲的内侧从下到上微微举起。按住睫毛根部维持2秒左右再往上撩，完成更加丰富的睫毛效果，最后用珍珠眼影抹在眼下线和眼角处就完成了眼部的整体妆容。

用温和的珍珠亮粉表现性感

眉毛要比眼睛略长、略厚。涂完眼影后用睫毛夹细心地翘起睫毛，防止眼线晕妆。嘴唇也使用含有珍珠亮粉的产品，在绚烂的照明灯下更加闪耀、性感。

Q 每次化完妆，脸和脖子总是会出现明显的界限，涂抹粉底也显得不自然，怎么办？

平常所谓的化妆只不过是针对脸部，太过暗沉或者太过明亮的妆容与脖子产生很大的差异，无论是对本人还是对他人来说都会产生不舒服的感觉。这时注意的是要选择与脖子肤色吻合和底色。

产品试颜色要在脖子上，而不是手背上

一般买底妆产品的时候会在手背上测试颜色，但是这样无法找到适合自己肤色的颜色，因为手背和脸本身颜色就不一样。正确的做法是：选择与自己肤色相近的三种颜色，按照顺序涂抹在脸颊到下巴之间的部位，与肤色融合度最好的产品就是最适合自己的。商场的照明太亮或者在黄色灯光下都找不到最准确的颜色，所以有必要在自然的照明灯下确认。

没有合适的颜色就进行混搭

无论如何也找不到适合自己皮肤的颜色，那就自己DIY吧。把不同颜色的粉底液混合在一起，调配出适合自己的颜色。有痣、斑点或者痘痕等皮肤问题的人，粉底要选择比自己肤色更暗一号的颜色，这样才可以遮盖瑕疵。

Q 化妆后过段时间，脸上总是会出现明显的细纹，是化妆方法错了吗？

土壤干燥会使地面像乌龟贝壳一样裂开，皮肤也是如此。由于水分不足使皮肤变得干燥，上妆也变得困难了，因此极易出现细纹。所以及时给皮肤补充水分是非常必要的。

选择滋润型的保养品

从基础护肤开始，选择滋润型的产品，而且化妆前做好充分的保湿工作，使用保湿霜，但是千万不要涂抹得太厚，否则很容易花妆。在粉底液中加入1~2滴保湿精油，用手轻轻按压，使皮肤充分吸收，维持滋润感，最后就可以开始正常的化妆步骤了。完妆后还可以喷上保湿精华水，维持肌肤的水嫩感。

要增强皮肤基础抵抗力

首先要重视的是皮肤基础抵抗力。皮肤本身干燥就会出现各种问题。所以平时用汗蒸毛巾和深层洁面产品去角质，用精华面膜或者片装面膜充分补充水分。不规律的睡眠和饮食无论是对身体还是皮肤都不好，所以通过充足的睡眠、规律的运动和正确的饮食生活，均衡为皮肤补充营养是最重要的。

导致脱妆的原因有很多：护肤品的涂抹顺序错了、经常出汗或者出油，这些情况都容易脱妆。

脱妆原因1：护肤品还没有渗透就上妆

涂抹基础护肤品时，因为护肤品还有没完全渗透进皮肤里，若此时就化妆，很容易导致脱妆。因为涂了太多的护肤品，导致皮肤无法全部吸收，才会出现这样的状况，因此在擦护肤品的时候要适量，并且用手轻拍，使护肤品完全渗透到皮肤后再开始化妆。

脱妆原因2：护肤品的使用顺序错了

使用了不适合的产品，或者涂抹的顺序错了也会导致脱妆。例如油性妆前乳搭配保湿度高的粉底液就会出现上述情况。

除此之外，容易流汗、出油的人也容易脱妆，可以将化妆水放在冰箱里镇静几分钟再使用，频繁地使用喷雾以降低皮肤表面的温度。脸上容易出油的人，要用面巾纸擦去油分后再补妆。

Q 很喜欢自然的古铜色皮肤，
通过化妆可以达到这样的效果吗？

崔瑞英
said 夏天的时候就会很想拥有古铜色的皮肤，但是想到紫外线带来的皮肤问题和老化问题，直接去晒黑真的不是一个好办法。想要拥有古铜色的皮肤，又不想去晒太阳，那就通过化妆来制造想要的效果吧。和大家分享一个秘密，没有什么效果是化妆无法达到的，不仅是古铜色的皮肤，就是电视上所看到的明星巧克力腹肌，也可能是化妆后的作品。

去角质后再化妆

可以选择市面上销售的古铜色的身体乳来达到想要的效果，但是在把皮肤变成古铜色之前，一定要认真去角质，稳定皮肤状态。不要使劲揉擦，轻轻搓就可以了。

去角质后要充分补水。初学者可以选择保湿度很高的润肤乳和身体乳以1：1的比例混合使用，然后均匀涂抹古铜色的身体乳，形成自然肤色。最后再抹一层含有珠光成分的产品，呈现自然的光泽，这样会显得更加性感。

Q 周末参加朋友的婚礼，什么样的妆容才能又吸引朋友们的注意，又不会抢了新娘的风头呢？

参加婚礼的时候，大部分女人都想画出一个不输给新娘的魅力妆容吧，但是太华丽的妆容或者衣着在婚礼场所是很失礼的。什么样的妆容可以不抢新娘的风头又可以闪亮全场呢？

从底妆入手打造华丽妆容

靓丽的妆容重点是高光和腮红。首先要从基本护肤入手，保持皮肤水油平衡。在精华液中混合1~2滴保湿精油，呈现闪闪发光的光彩皮肤。然后将粉底液和高光粉以3：1的比例混合，从上往下，从内到外顺着皮肤纹理涂抹，这样就能突出皮肤的质感。

用眼影取代腮红呈现低调华丽感

眼影比腮红所呈现出的颜色更浅，所以用眼影当做腮红可以画出温和而自然的妆容。腮红的面积不用太大，只在鼻子旁边的颧骨处稍微横扫一下即可。浅粉色和桃红色以1：2的比例混合，在手背上拍打一下再一次涂抹上。

寒冷而干燥的冬天，
什么样的妆容最适合呢？

皮肤最害怕的季节就是冬天，刺骨的寒风、强烈的紫外线等都会对皮肤有所损伤。雪中反射出来的紫外线比太阳还厉害，但是对女生来说，冬天也要美美的，怎么办呢？

用珍珠散粉呈现闪闪发光的效果

因为寒风会夺走皮肤中的水分，所以充分使用水分精华后再用营养霜形成保护膜，防止水分流失，然后再画底妆。当然，不要因为是冬天就忘记涂抹防晒霜，容易疏忽的脖子、耳朵、发际线等部位也要涂抹。除此之外，粉底液要选用具有加强保效果的产品，用珠光散粉收尾。含有珠光成分的散粉和一般的散粉混在一起使用会呈现自然发光的效果。

一定要用防水型产品

冬天很容易遇到下雪的天气，因此眼妆最好选择防水型产品。因为冬天的穿着会比较沉闷，因此唇妆就要选择充满生气的颜色，例如粉嫩色系的唇蜜。卸妆后用温水洗脸，再用凉水多次拍打，使皮肤镇定下来。

平时总是以裸妆示人，现在想画一个俏皮的
色彩妆，有什么特殊的技巧吗？

一直都是以裸妆为主，某一天画了一个艳丽的俏皮妆，就好
像是从妈妈衣橱里拿件衣服穿上的感觉，特别不自然。其实
想要化浓妆，可以先从脸部某一个重点下手，例如眼妆或唇妆，
这样就能减少失败的概率。

初学者从眼线入手

第一次挑战色彩鲜艳的妆容时，只对嘴唇或眼睛进行重点描
画。单纯用眼影表现出重点有点太单一，建议大胆使用带颜色的
眼线。如果还是觉得很夸张，那就以睁开眼睛时可以看到眼线的
程度为宜。单凭这一点，就会产生和平
时不一样的感觉。

由于色彩眼线修饰的效果不完整，
利用同色系的暗色产品填补睫毛间隙，
这样眼睛就会显得更加清晰。眼睛已经
重点修饰了，嘴唇就要表现得自然一
些。涂抹粉色或桃色的唇膏，配合眼
妆的效果，就能使整体妆容看起来更
协调。

和男朋友去看一场露天球赛，但是在烈日下让我有点担心，有什么防晒的好方法吗？

无论在室内还是室外，使用防晒霜都是必须的。使用SPF50的防紫外线产品和防水化妆品，以免妆容因汗水而花掉。整个脸部涂抹防晒霜之后，再单独涂抹额头、颧骨、鼻等突出部分。防晒霜过段时间效果会下降，所以每隔一段时间要补涂一次，最好带上帽子、墨镜进行双层保护。

随时用喷雾为皮肤补充水分

球场干燥、人多，灰尘也多，因此看比赛的过程中要及时喝水，并用喷雾为皮肤补充水分。用完喷雾后，双手轻轻拍打皮肤以便更好地吸收水分，这样皮肤能一直保持滋润状态，妆也不会花掉。

回家后用面膜镇定皮肤

无论多么认真地防晒，整天外露在太阳下的皮肤肯定也会有所损伤，所以回家后要彻底卸妆、清洁面部，敷一片补水面膜镇定皮肤。面膜可以提前放在冰箱中冷藏，补水修复效果更好。

有报告统计，外国女性对化妆和头发花费的平均时间是40分钟。平时连5分钟都非常珍贵的早晨，利用40分钟打理头发和化妆是多么不可思议。我建议把底妆作为重点，突出皮肤的质感，眼妆反而不用太浓烈，只要底妆干净，整体妆容看起来就会自然又迷人。

重点画底妆，有时间再画眼妆

整天处在各种压力下，脸部会紧绷，所以要充分地为皮肤补充水分。底妆要仔细地涂抹，从爽肤水、乳液、面霜中选择一个进行打底，然后抹防晒霜，用BB霜提亮肤色，再用高光提亮眼部周围的C区，最后用唇彩赋予明亮的颜色，5分钟内完成。

当然，无论多忙，一定要用睫毛夹将睫毛卷起。即使没有涂睫毛膏，单纯用睫毛夹也能使眼眼睛看起来更加有神。如果还有时间，可以涂抹眼影，眼线可画可不画，因为卷翘的睫毛足够提升整体的美感。

化妆无论在哪都是自信感倍增的道具，请不要让它生锈！